各显神通的航天器

钱航　段立欣　著

中国妇女出版社

图书在版编目（CIP）数据

各显神通的航天器 / 钱航，段立欣著. -- 北京 ：中国妇女出版社，2025. 7. -- ISBN 978-7-5127-2468-6

Ⅰ. V47-49

中国国家版本馆CIP数据核字第202514UJ47号

责任编辑：张凌云
封面设计：介末设计
责任印制：李志国

出版发行：中国妇女出版社
地　　址：北京市东城区史家胡同甲24号　　邮政编码：100010
电　　话：（010）65133160（发行部）　　65133161（邮购）
网　　址：www.womenbooks.cn
邮　　箱：zgfncbs@womenbooks.cn
法律顾问：北京市道可特律师事务所
经　　销：各地新华书店
印　　刷：鸿博昊天科技有限公司

开　　本：165mm×235mm　1/16
印　　张：12.5
字　　数：160千字
版　　次：2025年7月第1版　　2025年7月第1次印刷
定　　价：59.80元

目录

第一问

所有航天器都可以把人送入太空吗？

大家好，欢迎进入中国航天器的世界。

有小伙伴曾经提出过这样的问题：所有航天器都可以把人送入太空吗？

那可不一定！能把航天员送入太空的叫“载人航天器”。神舟飞船，就是我国科学家自行研制的载人航天器。

2024 年 4 月 25 日，中国的神舟十八号飞船搭载了三名航天员顺利进入太空，与天宫空间站完成自主快速交会对接。

神舟飞船把航天员送到太空中“出差”这件事，现在已经不算什么难题了。那么，如此厉害的神舟飞船，都有什么奥秘呢？

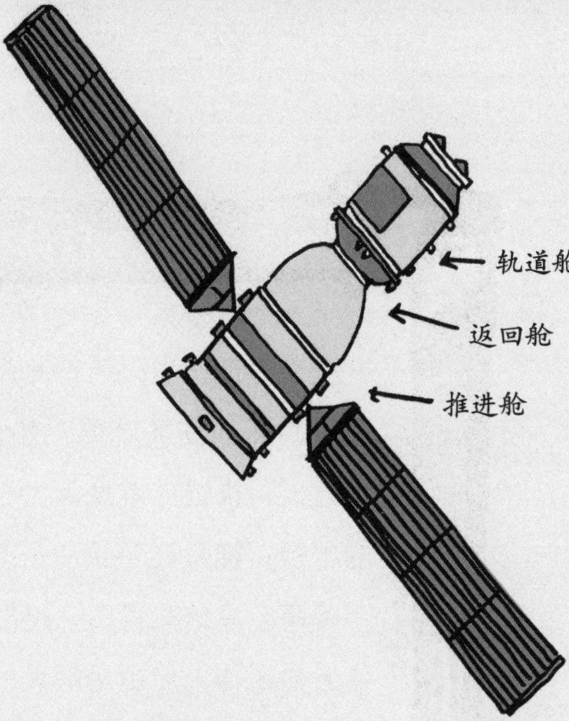

首先来了解一下它特殊的“身体”结构。

神舟飞船是三舱结构。三舱分别叫作推进舱、返回舱和轨道舱，它们承担的任务各不相同。

推进舱，顾名思义，主要任务是推着飞船前进。所以它设在飞船的最后端，是飞船的“动力心脏”。飞船中最重要的发动机装在推进舱里，这里有大量的推进剂。

告诉你一个一眼就能看出哪种火箭是载人火箭的小方法：火箭最上端有逃逸塔的，百分之百就是载人火箭。

要知道，当火箭把飞船送入预定轨道后，后面的任务就要飞船自己来完成了。这时候，推进舱就像大力士一样发挥自己的本领：神舟飞船想从一条轨道上升到另一条高一点的轨道时，推进舱中的发动机会全力工作，产生足够大的推力，让飞船克服地球引力，继续升高轨道。

看出来了吧，这些动作都需要推进舱的“大力”支持!

当然，推进舱不只是帮飞船加速，让飞船减速、改变方向，都要靠它。

这就像一个人开车在路上行驶，一会儿踩油门，一会儿踩刹车，一会儿转方向，这样才能保持速度和正确的路线。

接下来我们聊聊返回舱。

返回舱，可以说是整个神舟飞船中最为关键的部分，因为它是保证航天员安全回家的“座舱”。

没错，就是从电视中看到的那个圆滚滚、黑乎乎的太空舱。别看它落回地面的时候灰头土脸，其实返回舱原来也是漂漂亮亮的。它的外形是一个钟形，表面和飞船其他部位一样，一开始也是闪闪发亮的。

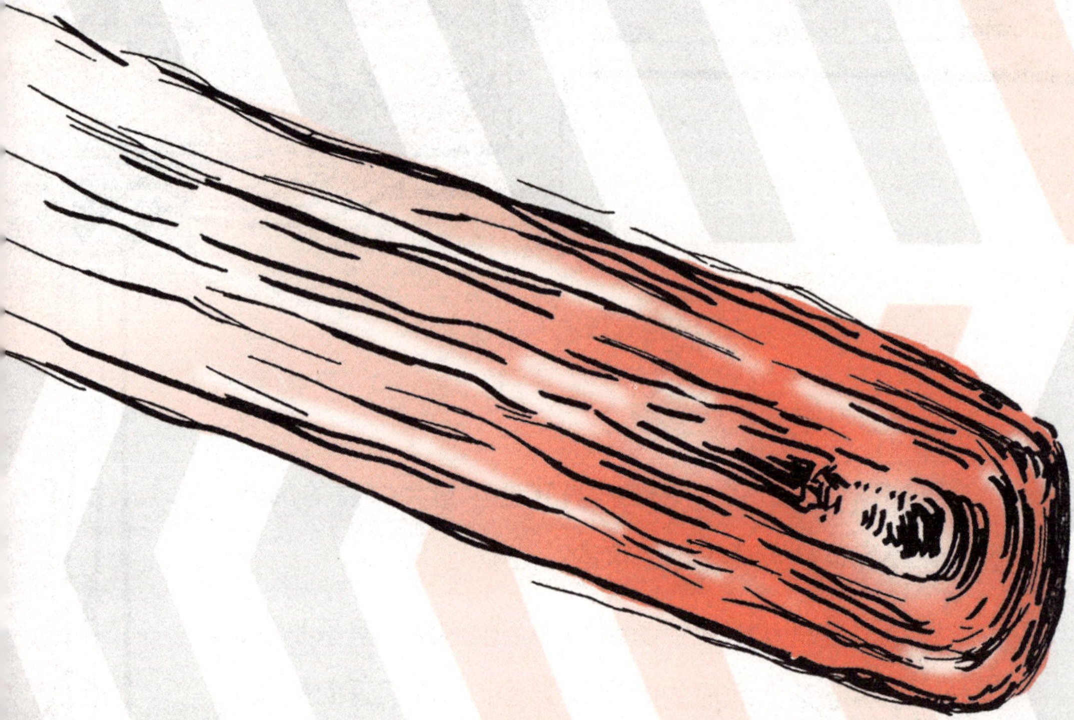

当航天员完成任务，准备乘坐返回舱返回地球时，返回舱就处于“待命”状态了！

它会把航天员装进“肚子”里，与轨道舱和推进舱分离，然后以极高的速度冲入大气层。“疯狂”的大气会和它产生剧烈的摩擦，温度急剧升高，甚至高达数千摄氏度。

返回舱会不会熔化？不必担心，返回舱可不是巧克力。返回舱的表面是特殊的耐高温材料，不怕高温、高压。

不仅是外表，返回舱的内部也很先进。比如座椅缓冲装置、供氧系统、通信系统等，它们有一个共同的名字，叫生命保障系统。返回舱生命保障系统的任务就是确保航天员在返回过程中的安全。

最后再来看看轨道舱。

轨道舱在飞船的前端，它是航天员在太空中工作和生活的“房子”。这里面装着各种科学试验设备、生活设施以及通信设备等。

这么说吧，如果是短时间旅行，航天员的吃喝拉撒睡，都需要在轨道舱里完成；观测和拍摄美丽的地球、浩瀚的宇宙，也是在轨道舱进行；与空间站对接的，还是轨道舱。

如果说空间站是太空中的“大房子”，那轨道舱就像太空中的一座“小房子”，可以让航天员在遥远的宇宙中尽量感受到舒适和便利。

这样看来，神舟飞船的三舱结构是不是非常精妙？它们相互配合、协同工作，才能共同完成中国载人航天的伟大使命。

第二问

送货的大飞船，请了解一下？

刚才说的是载人飞船，现在来看看不带人、只运货的飞船。它就是中国用于太空货物运输的航天器——天舟飞船。

和载人航天器一样，运货的飞船“身体”也分段，不过是分成两段，分别是货物舱和推进舱。

作为天舟飞船的货物舱，它的“肚子”空间可是非常宽敞的。里面不仅能装下航天员在太空中所需的生活用品，比如食品、水、服装，还能装下科学试验设备、维修工具。更厉害的是，连空间站建设需要的大型设备，货物舱都装得下！

看到这里你是不是会感叹，它简直就是一个万能的“百宝箱”啊！

当然，货物舱对运输货物的保护和管理也是有科学性的。它里面设计了很多固定装置和保护措施，确保货物在太空的微重力环境中不随便飘浮和碰撞。否则如何呢？可能准备给航天员吃的西红柿，到了太空中，已经撞成西红柿酱了。

由此看来，能运输这么多物品的货运飞船，推进舱的力量一定无比巨大！在太空运货的过程中，推进舱的作用至关重要。

天舟飞船的推进舱里装有燃料储罐和好多个发动机。没错，是好多个！每一个发动机起的作用都不同，它们配合默契，精确地控制飞船的速度、姿态和轨道。

天舟飞船不仅要装得多、跑得快，作为货运飞船，“送货上门”这一点也很重要。所以，货运飞船和空间站的交会对接，是它的关键功能之一。

在太空中想要“找准门”，就要求推进舱精确地调整飞船的位置和姿态。

我们来看一下它的“慢动作”：当火箭把天舟飞船送入太空，天舟飞船通过发动机的点火和推力，加速猛跑一阵后，它看到了自己要抵达的目的地——那座“移动大房子”。

这时候，它开始调整速度和角度，慢慢地靠近空间站，最终实现安全而精准的对接。天舟飞船还是很有智慧的啊！

全自主交会对接，为空间站快速货物补给奠定了技术基础；全方位绕飞交会对接，解决了空间站多艘飞船停靠不同对接口的问题。

通俗地说，就是需要把货物送到A门，绝对不会错送到B门。就算有E门、F门、G门，也一定做到“送货上门”，重要的是送对门！

2022 年 11 月 12 日，天舟五号货运飞船在长征七号火箭的托举下，满载货物飞过云霄，跨越星海奔赴“天宫”。仅用了 2 小时，它就把货物送到了空间站。

对了，天舟飞船不只是运送货物，它还有一项非常厉害的本领，那就是在太空给空间站加油。

在太空中，空间站的运行需要消耗大量的燃料。天舟飞船可以像一个移动的加油站一样，通过特殊的管道和接口，把燃料安全、高效地输送给空间站，让空间站能够继续稳定地运行。

所以，集太空送货、快速交会对接、太空加油等功能于一身的天舟飞船，为人类探索太空的事业作出了巨大贡献。

第三问

你想登上月球吗？

人类登上月球，是中华民族几千年来的梦想。如今这个梦想已经不再只是幻想，“嫦娥奔月”的故事，即将变成现实。

谁有能力来实现这个愿望呢？那就请出今天的主角——梦舟载人飞船。它即将开启人类的登月新篇章！

梦舟载人飞船是中国科学家对未来太空探索的大胆设想和设计。它的出现，标志着人类在探索月球的道路上迈出了重要的一步。

和神舟载人飞船不同，梦舟载人飞船是中国新一代载人飞船，也就是全面升级的天地往返交通工具。它的任务就是把中国航天员送上月球！

当然，梦想不能只是“想”，还要付出行动和努力。中国载人登月工程团队就是这样一步步走来的。

你看，这几年亮相的新一代载人飞船试验船，“身高”近 9 米，身体最“胖”处直径约 4.5 米，“体重”超过 20 吨。而且，它很能干，执行近地轨道任务时可以一次运送 7 名航天员。

这艘试验船为架设地球与月球之间新的“天路”，提供了重要的桥梁。

为了验证新一代载人飞船，2016 年 6 月 25 日，长征七号运载火箭把一个多用途等比例缩小的返回舱带入了太空。令人兴奋的是，这次飞行试验取得了圆满成功。

接下来又经过了一次次的测试、任务验证，试验船的主要技术指标都达到了国际先进水平。

这艘未来要带我们上月亮的“试验船”，将采用新型大推力单组元无毒发动机，配备中国空间飞行器最大容积表面张力贮箱，拥有更加全面的综合电子系统、更加智能的自主轨控技术，采用新型防热结构、材料及群伞气动减速和气囊着陆缓冲技术，它还将配备在轨数据获取系统。

2025 年，中国载人航天工程将扎实推进空间站应用与发展和载人月球探测两大任务。瞄准 2030 年前实现中国人首次登陆月球的目标。

目前，航天员乘组已经选定，正在开展相关训练。偷偷告诉你一个小秘密，这次登月的乘组中，会有一位女航天员哦！

虽然梦舟载人飞船现在还没有真正登上月球，但它的诞生开启了一个全新的太空时代，让中国人离月球、离宇宙的奥秘更近一步。

也许在未来，普通人也能乘坐梦舟飞船，亲自踏上月球，脚踩一踩月球的土壤。

请相信，梦舟飞船将带着人类的梦想，在浩瀚的宇宙中绽放出更加璀璨的光芒!

第四问

从火箭“逃跑”的秘诀是什么？

勇敢的航天员会“逃跑”吗？

当载人火箭在发射台等待发射时，火箭一旦出现危及航天员安全的情况，航天员不会傻傻“逞英雄”，远离危险才是最明智的选择！

世界主流载人火箭外形上大多有个共同的特征：火箭的“头顶”都顶着一个尖尖的帽子。这就是逃逸塔，即火箭的逃逸系统。

和它一起发挥关键作用的，是“隐形”的故障检测处理系统。故障检测处理系统和逃逸系统是火箭独有的。

首先认识一下故障检测处理系统。

说它“隐形”，是说故障检测处理系统是由非常精密的传感器、数据采集设备和强大的计算机分析程序组成。

这些传感器分布在火箭的各个关键部位，就像一个个“侦察兵”，实时感知、监测着火箭的参数变化。但肉眼是看不到它们的。

传感器采集到的数据会迅速传输到计算机中，计算机再通过复杂而精确的算法进行分析和判断。如果有问题，计算机会立即发出警报。

这个过程虽然复杂，但运行起来非常迅速。

想象一下，载人火箭就像一位无畏的勇士，肩负着将航天员安全送入太空的重任。故障检测处理系统就是这位勇士的“敏锐眼睛”和“智慧大脑”，时刻保持警惕。

故障检测处理系统检测到问题后，接下来就要看逃逸系统的本事了。

逃逸系统有一个了不起的绰号，叫航天员的“生命之伞”，是保障航天员生命安全的最后一道防线。

在火箭发射过程中，万一出现危险的故障，逃逸系统会迅速启动，带着乘坐“逃逸飞行器”的航天员逃离危险区域。

逃逸系统的构成非常复杂，光是发动机就有五种，分别是逃逸主发动机、分离发动机、偏航俯仰控制发动机、高空逃逸发动机和高空分离发动机。

前三种负责 39 千米高度以下，火箭从点火到飞行 120 秒时的逃逸工作。后两种在 39 ~ 110 千米高度内，也就是火箭飞行 120 ~ 200 秒时发挥作用。

当危险情况发生时，逃逸系统在短短几秒钟内就能启动，逃逸塔上的发动机瞬间点火，产生巨大的推力，以极高的速度将飞船和航天员带离火箭，拉到安全的距离。

这个过程就像在千钧一发之际，突然有一股强大的力量将航天员从危险中拉出来。

除了发动机，逃逸系统还有整流罩的上半部分、支撑机构、栅格翼，以及灭火装置等组成部分。它们都在火箭发生危险的时候起作用。

其中“逃逸飞行器”很特别，它是一个无控飞行器。航天员就是坐在“逃逸飞行器”里被带离危险区域的。

为了保证飞行器在整个逃逸飞行过程中保持稳定姿态，逃逸飞行器的底部四周设置了4块稳定栅格翼。这些栅格翼在火箭正常飞行状态时会收起来，靠在整流罩周围。一旦需要逃逸，4块栅格翼与整流罩连接的爆炸螺栓就会起爆解锁，栅格翼迅速展开。

逃逸系统在设计上考虑了各种危险情况，无论是火箭在地面、低空还是高空出现故障，都能有效地发挥作用。

更神奇的是，逃逸系统和火箭其他系统的紧密配合。在正常发射过程中，它处于待命状态，不影响火箭的正常飞行。一旦出现问题，它又能够在瞬间响应，完成自己的使命。

载人火箭的故障检测处理系统和逃逸系统，绝对可以说是航天科技中的伟大发明。正是有了这些先进的技术，航天员才能更加安全、自信地完成太空之旅。

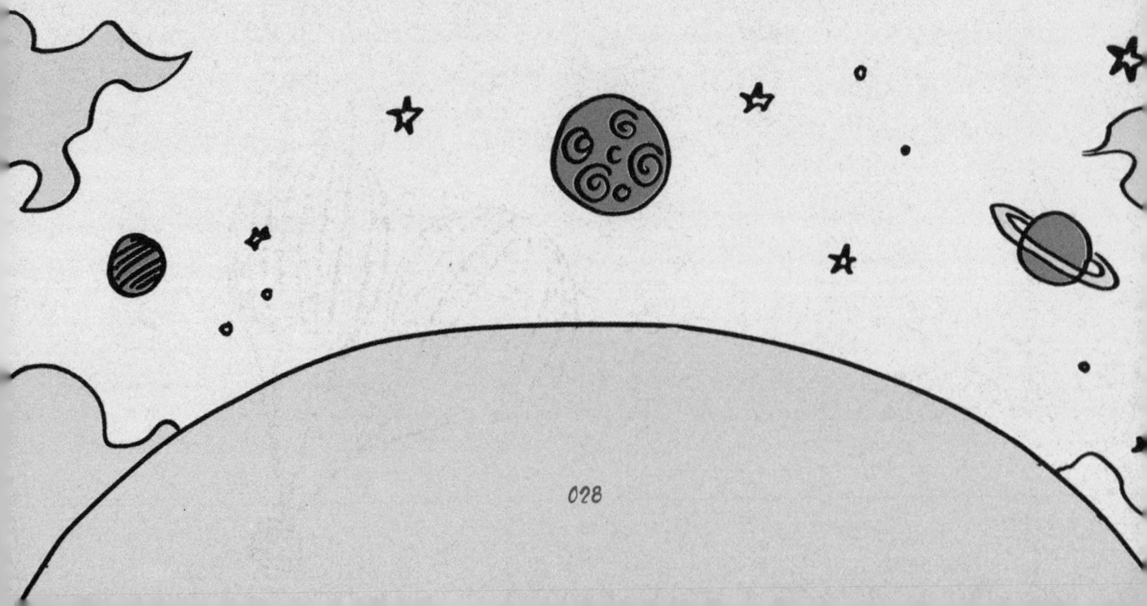

第五问

你知道“天地快递”的秘密吗？

要说中国厉害的“天地快递小哥”，那要算长征七号运载火箭了。

长征七号运载火箭是新一代无毒无污染、高可靠、高安全的中型运载火箭，它是为发射货运飞船而全新研制的。在未来，它还将成为中国航天发射的主力型火箭。

它的总长是53.1米，芯级直径3.35米，捆绑了4个直径2.25米的助推器，起飞重量594吨。它高大威武，充满了科技感和力量感。

这个“小巨人”的运载能力可以达到约14吨，属于同类火箭先进水平。

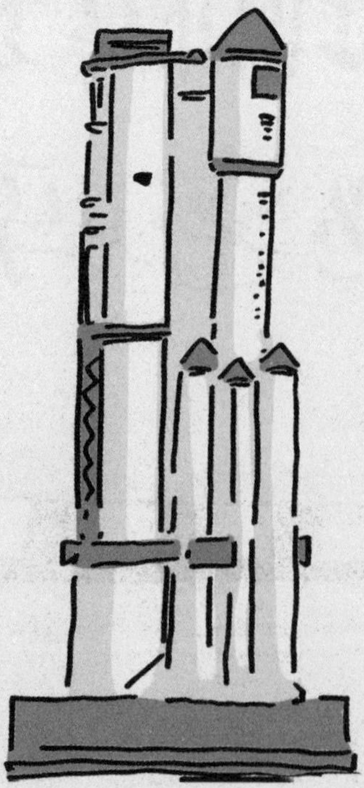

长征七号是我国首次在海洋环境发射的火箭。要知道，我国一共有四个火箭发射场，分别为酒泉卫星发射场、西昌卫星发射场、太原卫星发射场、文昌卫星发射场。长征七号就是在海南文昌发射场发射的。

尽管海南气候复杂，但海南文昌发射场能做到全天候发射。毫不夸张地说，那真是“想打就打，即到即打”！

要知道，火箭上的许多精密仪器，对外界环境非常敏感。海南文昌发射场和内陆发射场最大的不同是湿热多雨、台风频繁。

那为什么长征七号不怕呢？因为它有 6 个“秘密”。

秘密 1：做过“防水”

和大部分火箭选择的窗口时间不一样，长征七号新一代运载火箭能在雨中发射。因为它对“水”的防护，渗透到了每个设计的细节。连用来平衡整流罩内外压力的排气孔，都做了专门的防水措施。

秘密 2：抗 8 级大风

海南文昌发射场的风速经常能达到每秒 20 米。为了保证火箭“站”得稳，设计人员专门为长征七号设计了防风减载装置。就算遇到 8 级大风，它也能“站”得直直的被运到发射场。论抗风能力，长征七号是目前长征家族里最厉害的。

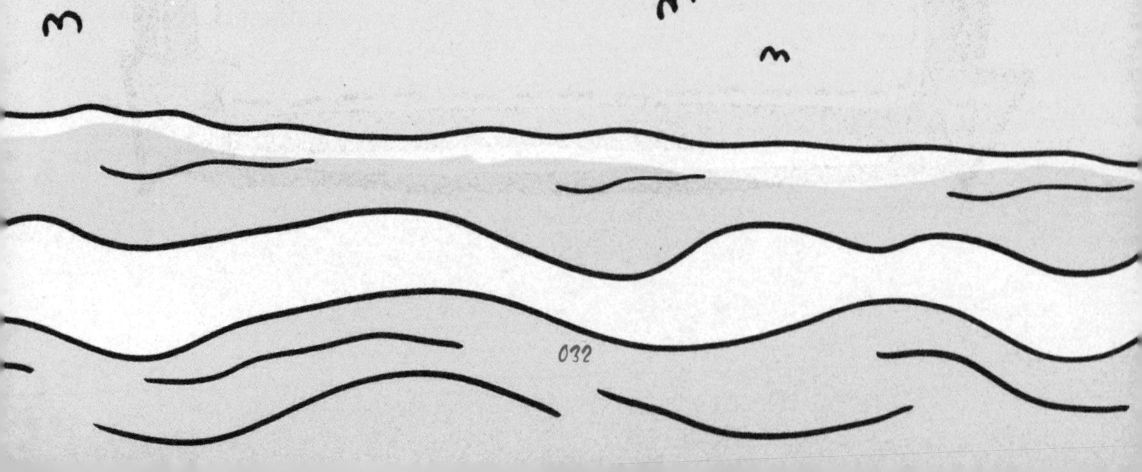

秘密 3：体重大、燃料多

可以说，长征七号火箭是个“大胖子”，它的起飞重量接近 600 吨。但它的钢筋铁骨和设备占重量的比例很小，占比大部分的都是燃料。

作为卫星等航天器前往太空的“专车”，自身重量越低，燃料装得越多，能够运送的“乘客”也就越多。

秘密 4：推进剂可安全停放 24 小时

长征七号以前的长征系列火箭，在发射前几小时才能开始加注推进剂。长征七号经过专门设计和演练，它的液氧和煤油推进剂组合，可以安全停放 24 小时。

这样的好处是准备时间更短、发射更灵活！

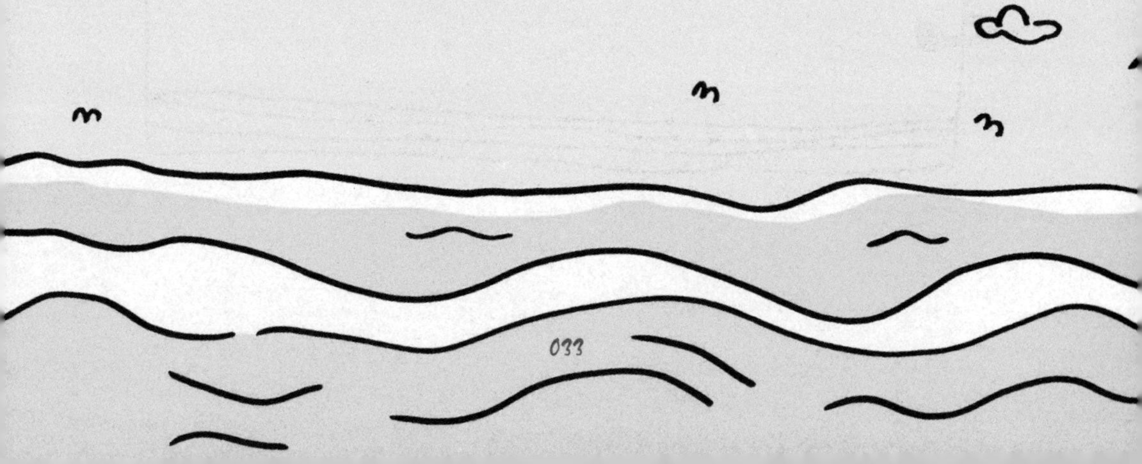

秘密 5：动力系统强大

长征七号的动力系统变化很大，采用无毒无污染的液氧煤油作为燃料。它的推力比之前的“长征”系列运载火箭发动机提高 60% 以上，运载能力是原来的 3 倍左右，经济上也比常规发动机推进剂便宜 60%。

秘密 6：发射平台喷水降温

海南文昌发射场的新一代发射平台，里面装载的仪器设备需要多次使用。为起到保护作用，它的发射平台采用了喷水降温和涂抹防护涂层等措施。

知道了这 6 个秘密，是不是觉得长征七号火箭很厉害?

第六问

“胖五”到底有多胖？

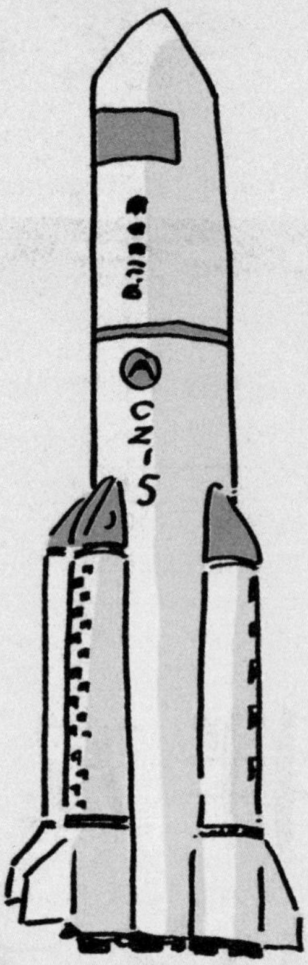

认识了长征七号，不能不比较着说一下长征五号火箭，长征五号火箭被戏称为“胖五”。

长征五号可是截至2024年中国规模最大、运载能力最强、技术跨度最大的一型运载火箭。它采用三型12台创新研制的大推力发动机，主发动机均采用无毒无污染的推进技术。原来的液体运载火箭直径是3.35米，“胖五”的“腰围”直接增加到了5米。它的高度约57米，也就是差不多20层楼那么高；芯级直径5米的大“肚子”里，蕴含着巨大的能量。

壮硕的“胖五”起飞重量能达到约870吨，近地轨道运载能力约25吨，相当于一次性可以把16辆小汽车送入太空。

“胖五”的运载能力这么强，是因为它的动力系统强大。

它采用了液氢液氧，以及液氧煤油作为推进剂。装有三型12台新型大推力低温发动机，所以它起飞推动力超过1000吨。

另外，它的“身体”结构也十分独特。“胖五”的箭身由多个舱段组成，每个舱段承担着不同的任务，可以承受飞行过程中的巨大压力和震动。

同时，它的控制系统也非常先进。

综上所述，“胖五”成为深受大家欢迎的“大力士”！

长征五号火箭能够执行很多任务。它曾发射过天问一号火星探测器、通信技术试验卫星十一号，还先后发射过嫦娥五号、嫦娥六号探测器。

以到月球背面去“挖土”的嫦娥六号探测器为例吧。

想把嫦娥六号送入地月转移轨道，可不是简单的任务。和近地轨道的任务相比，探月任务的轨道设计会更复杂。因为地球和月球距离太远，地球和月球的位置还在不断发生变化，所以探测器中途需要一直调整航线。可探测器自身的推进剂有限，这就对轨道设计提出了非常高的要求。

为了让嫦娥六号更节省推进剂，科学家为“胖五”规划了具有针对性的路线。

他们开展了精细化的“窄窗口多轨道”技术，规划出多条轨道，每条都可以将探测器准确送入预定轨道。

这样一来，嫦娥六号踏上奔月旅程后，就可以减少轨道偏差的修正次数，既能节省燃料，也可以更快地到达月球。

有着强大运载能力的“胖五”，最后成功完成了把嫦娥六号送入地月转移轨道的任务。可以说，中国的嫦娥六号作为人类历史上第一个在月背“挖土”的探测器，顺利把月壤带回地球，是离不开“胖五”的帮助的！

当然，除了帮助“嫦娥奔月”，“胖五”作为长征系列中“重量级担当”，它还能执行发射高轨大卫星、发射载人飞船试验船、发射空间站舱段等重大航天任务！

虽然这些任务的要求都很高，但难不倒“大火箭”长征五号！相信我们的“胖五”在未来还有更大的发展空间。

第七问

火箭会变身吗？

很多小伙伴喜欢玩拼插积木，它们有很多模块，随意组合，可以拼凑出房子、老虎、坦克、飞机。

玩具可以这样拼接组合，变来变去，大火箭其实也可以这么造。

今天我们来介绍长征三号甲系列火箭的三兄弟：长征三号甲、长征三号乙、长征三号丙。它们的神奇之处就是模块化！

简单说，它们和我们熟悉的拼插积木差不多，通过不同的组合方式，能创造出具有不同本领的大火箭。

长征三号甲系列火箭的基础型是长征三号甲火箭。

它像一位稳重的大哥，是在长征三号火箭的基础上重新设计了第三级，成为一款强大的三级低温液体火箭。它全长 52.52 米，能够把 2600 千克的载荷送到地球同步转移轨道。

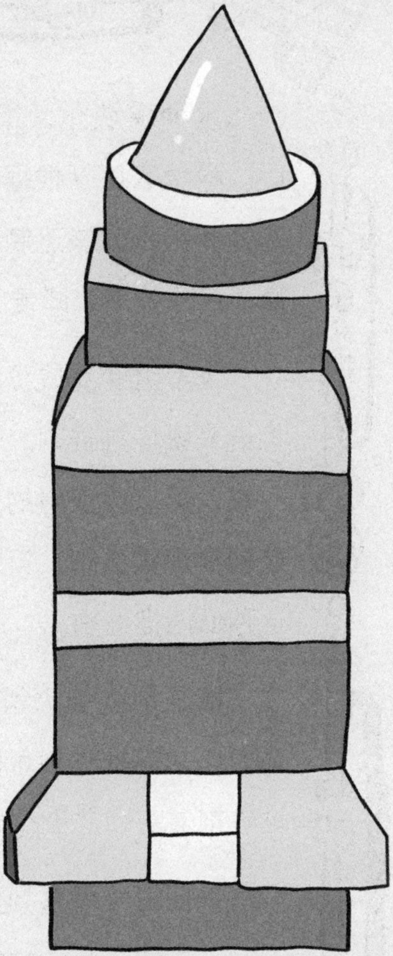

后续同系列两款火箭“组合变形”，都是在它的基础上“做文章”。

长征三号乙火箭，是在长征三号甲火箭的芯一级基础上，加了四枚 2.25 米的助推器组合出来的。也就是说，给长征三号甲加上更强有力的“翅膀”，让它变得更加强大。不仅“身高”达到了 56.3 米，“力气”也变大了。长征三号乙火箭能把 5500 千克的载荷送上太空呢！

长征三号丙火箭是在长征三号甲火箭的基础上，捆绑了两枚 2.25 米助推器组合而成的，这样它就可以适应更多的特殊运载任务，如将卫星送入地球同步转移轨道，承担部分月球探测等任务。

这种模块化、组合化的设计理念非常聪明。科学家可以根据不同的任务需求，灵活地选择和组合，快速制造出合适的火箭，大大提高了工作效率，降低了成本。

火箭组合完成了，那要怎么上天呢？让我们再来说说推进剂。长征三号甲系列火箭的第一级、第二级使用的是四氧化二氮和偏二甲肼这种常规推进剂，第三级使用的是液氧和液氢这种低温推进剂。

推进剂就像火箭的“食物”，为火箭提供动力。常规推进剂可以存储 7 天左右，而低温推进剂液氢和液氧存储周期只有 1 天。

长征三号甲系列火箭的三级使用的推进剂不同，这种组合的方式，既保证了火箭在发射前期有稳定的动力，又能利用低温推进剂的高效能，让火箭飞得更高、更远。

长征三号甲系列火箭的自由组合，保证了它们完成任务的多样化。

它们既可以“一箭单星”发射，也可以“一箭多星”发射，就好像一个大力士，既可以轻松地举起一个大杠铃，也可以同时举起几个杠铃。

它们还能用于不同类型的轨道发射。不管是标准地球同步转移轨道，还是超同步转移轨道、低倾角同步转移轨道，三兄弟都能胜任，还能完成深空探测器发射任务。

简单说，要发射一颗通信卫星，需要把它准确地送到地球同步转移轨道的特定位置。长征三号甲系列火箭就能够凭借高精度的控制能力，像一个神射手一样，把卫星精确无误地送到指定地点。

姓名：长征三号甲系列　成绩：100 分

最最重要的一点就是，长征三号甲系列火箭的成功率非常高。

从 2000 年 10 月 31 日长征三号甲火箭发射中国第一颗北斗导航试验卫星算起，到 2020 年 6 月 23 日 9 时 43 分，长征三号乙运载火箭将第 55 颗北斗导航卫星成功送入预定轨道，北斗三号工程完成全球组网，长征三号甲系列火箭已实施 44 次发射，将 4 颗北斗导航试验卫星和 55 颗北斗导航卫星成功护送升空，发射成功率 100%。该系列火箭也因此被称为北斗组网工程的“专属列车”。

科学就是这么神奇而伟大，也许在未来的某一天，长征三号甲系列火箭还会组合出更多“兄弟姐妹”。它们会去探索遥远未知的星球，帮忙建立更先进的太空站。

第八问

未来火箭能带我们去哪里？

现在让我们来透露一款尚未面世的载人运载火箭——长征十号。

长征十号是中国正在研制的新一代载人运载火箭。它未来肩负的任务是把人类送往更遥远的太空。

这款火箭现在还没有正式亮相，它的各项研制工作都在快马加鞭地有序进行着。

我们知道火箭的任务是送飞船、卫星这些航天器到预定轨道，剩下的任务就要靠航天器去接力完成了。

长征十号运载火箭的主要任务是将月面着陆器和登月飞船送入地月转移轨道。它全长约 92.5 米，起飞重量约 2189 吨，运载能力不小于 14 吨，将采用液氢、液氧和煤油推进剂。

想想看，它比最胖的“胖五”还要高大健壮，就是为了确保中国“2030 年前载人登月”计划的实现。

长征十号预计 2027 年具备首飞条件。大家是不是迫不及待想要看到它的真面目了？

令人非常期待的未来火箭，在设计上有什么不同呢？

长征十号是一款智慧火箭，它要确保任务的成功率，更好地保障航天员安全，并且要优化运营成本，达到重复使用的目标，等等。

发动机是火箭的“心脏”，为了让长征十号拥有一个强健的“心脏”，科学家先后攻克了“发动机起动关机时序，发动机大范围连续变推力，发动机长寿命、高可靠”等关键技术难题。截至2024年，科研人员完成了发动机的多次点火试车。

什么叫发动机试车？为什么发动机要试车？

发动机试车就是验证发动机点火是否正常、设计方案是不是合理、工艺是不是可靠等各种问题。

试车是发动机研制过程中必不可少的环节。试车的种类有几十种，会贯穿发动机研制前后的各个阶段，每个阶段的试车都有不同的意义，点火时长从几秒到数百秒不等。

负责执行中国载人登月任务的长征十号火箭，需要将 27 吨重的航天器送入奔月轨道，运载能力将是中国现役最强火箭长征五号的 3 倍左右！所以，它的任何一道工序都要做到精益求精。

载人登月是人类的共同梦想。为了开展载人登月任务和未来更多的探测任务，更强大的长征十号火箭已经蓄势待发。

第九问

火箭外壳真的只有几毫米厚吗？

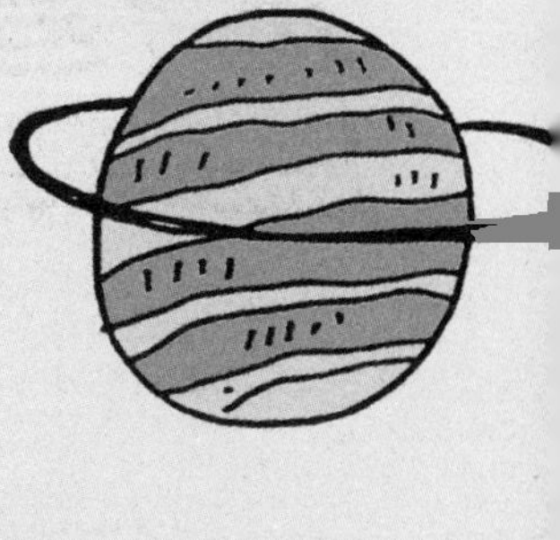

我们都知道，火箭的任务是飞向太空，它要承受高温高压、强振动与过载、空间环境变化等挑战。那你是不是会认为火箭外壳像城墙一样厚呢？实际上它外壳的“某些”部位只有几毫米厚，非常不可思议。这么一个庞大的飞行器，外壳还有这么薄的地方，不会破吗？

下面就来讲讲这其中有趣的科学原理和设计吧。

形容火箭的词中有一个是“薄皮大馅”，意思就是，主要的重量都在火箭肚子里的燃料上。燃料的重量往往是固定的，不能随意增减。想要火箭更轻盈，火箭设计师就把心思放在了火箭的外壳上。

把火箭的外壳变薄，目的就是给火箭减重。常用的火箭壳体“蒙皮”的厚度为 1.2 ~ 2 毫米，而整流罩的“蒙皮”最薄处仅有 0.3 毫米。

一张普通 A4 纸的厚度大概都要 0.1 毫米！是不是对这些数字感到很震撼?!

因为火箭在发射的时候会产生巨大的推力和加速度，火箭在飞行过程中还要经受住大气层的摩擦、高温等各种极端环境的考验。所以，这些只有几毫米厚的外壳材料需要具备非常强大的强度和耐热性。

不用担心，因为制造火箭“外衣”的材料，经过了科学家的精心挑选和研发，具有高强度的特性。它就像超级英雄的战衣一样，虽然看起来轻薄，却有超乎想象的坚韧度！

为什么要把火箭的外壳做那么薄呢？

因为科学家要在保证火箭性能的前提下，尽可能地减轻火箭的重量。毕竟重量越高，就需要越多的燃料来推动火箭飞行。

把外壳做得尽可能薄，火箭就能更加高效地飞行，把更多的载荷送入太空。

火箭外壳的厚度并不是完全均匀的。在不同的部位，外壳的厚度会有所不同。不同部位的厚度差异，是根据火箭在飞行过程中的受力情况和功能需求来设计的。

设计和制造火箭的外壳是一项非常艰巨的任务。火箭设计师需要进行大量的计算、模拟和试验，才能确定最合适的材料和厚度。

在这个过程中，设计师要考虑各种因素，包括力学性能、热性能、重量、成本等。

在制造过程中，这些只有几毫米厚的外壳必须被精确地加工和组装，不能有任何的瑕疵和缺陷。因为哪怕是一小块不平整的地方，都可能在火箭发射和飞行过程中造成严重的后果。

随着科技的不断进步，火箭的外壳材料和设计也在不断地创新和改进。除了传统的铝合金、碳纤维复合材料、不锈钢等，在一些对重量敏感的火箭部件中，甚至使用了芳纶纸蜂窝这种新型复合材料来取代金属材料。未来，一定还会有更加轻薄，但性能更卓越的火箭外壳，让我们拭目以待吧！

第十问

你了解火箭的“腰围”吗？

有没有想过，为什么有的火箭细细长长，有的火箭胖胖乎乎呢？

这要从很久很久以前说起。在古代，人们主要的交通工具是马车。马车的宽度是由马屁股的宽度决定的。因为如果马车做得太宽，马就拉不动了；如果做得太窄，人乘坐不舒服或者装不下太多东西。后来，马车的宽度就逐渐固定在了一个比较合适的尺寸，这个尺寸大致就是马屁股的宽度加上一些余量。

随着时间的推移，人类进入了工业时代，铁路出现了！

铁路的铁轨间隔，也受到了马车宽度的影响。因为早期的铁路建设者发现，如果把铁轨间隔设计得和马车的宽度差不多，就可以很方便地利用现有的马车技术和设备来运输货物和人员。

这样一来，铁路的铁轨间距就被确定下来了，而且在很长一段时间内都没有太大的变化。那么，火箭又与马屁股有什么关系呢？别急，请接着看。

火箭的制造是一个非常复杂的过程，需要用到各种各样的材料和技术，要经过严格的测试和检验。

在设计火箭的时候，火箭设计师不仅要考虑火箭的性能和功能，还要考虑到它的运输和发射条件。而铁路运输，就是其中一个非常重要的环节。

如果火箭的“腰”做得太宽，在运输的过程中就会遇到很多问题：可能在通过一些狭窄的铁路隧道时被卡住，用别的方法运输费用会翻倍，在发射场的组装和测试会变得非常复杂。

所以，为了保证火箭顺利地运输和发射，火箭设计师在设计火箭的时候，通常会把它的宽度控制在合理的范围内。

这个范围既要考虑到火箭的性能需求，又要考虑到铁路运输的限制。而铁路的轨间距是与马屁股有关的，所以火箭的“腰围”也不可避免地相关了。

此外，火箭设计师还在不断地改进火箭的设计和制造技术，以提高火箭的性能和效率。他们可能会采用更轻、更强的材料，优化火箭的结构，或者采用新的推进系统……这些都可能影响火箭的尺寸和形状。

现在，除了铁路运输火箭以外，已经可以采用海运或者公路运输的方式来运输更宽的火箭部件。有的火箭甚至是可拆卸的，到了发射场再进行组装。

虽然“马屁股决定了火箭‘腰围’”这个说法听起来不够“高科技”，但你们一定可以感受到，科技的发展是一个循序渐进的过程。

每一个新的发明和创新，都是在过去的基础上发展起来的。我们不能忽视历史的积累和传承，同时，也要敢于突破传统的思维和限制，不断地探索新的可能性。

第十一问

火箭发射为什么要喊倒计时？

在观看火箭发射时，往往会听到这样的口令“10、9、8……3、2、1，点火”。紧接着一声巨响，火箭腾空而起。

火箭发射倒计时为什么是从 10 开始倒数呢？这起源于一部科幻电影——《月球少女》。

这部影片的导演在火箭发射的镜头中设计了“10、9、8……3、2、1，发射”的倒数发射程序，很有仪式感。

这一程序引起了火箭专家的兴趣。他们认为这个设计简单明了、清楚准确地表示了火箭发射的准备时间逐渐在减少，这种仪式让人们思想集中，有紧迫感。于是，这种倒计时发射程序就被火箭专家采用了。

火箭发射倒计时真的有作用吗?

其实，火箭发射除了最后的 10 秒倒计时外，还有最后 2 小时倒计时、最后 1 小时倒计时、最后 30 分钟倒计时、最后 20 分钟倒计时等。目的就是提醒、协调工作人员来确认所有准备工作是否无误，火箭系统表现是否正常。

一旦发现问题，需要及时排除隐患，甚至停止火箭发射。

国内外都有在火箭发射倒计时期间发现问题的案例。

1970年4月24日18点30分左右，距离中国的长征一号火箭发射只有2个多小时，科研人员发现一个弹簧垫圈从火箭上掉了下来。技术人员连忙进行排查，后来发现弹簧垫圈只是一个多余物，不会对火箭发射造成影响，火箭得以按时发射。

原定于2024年3月21日发射的俄罗斯“联盟MS-25”载人飞船，在准备升空飞往国际空间站前20秒的时候，直播中突然显示“自动取消发射”的消息。

俄罗斯航天局表示，火箭当时出现了“化学电源电压骤降”的问题。随后，三名航天员安全撤离，返回隔离区。

美国波音公司“星际客机”原定于美国东部时间 2024 年 6 月 1 日 12 时 25 分搭乘“宇宙神 5”型火箭发射升空，将两名宇航员送往国际空间站。

但是，美国航空航天局直播画面显示，发射任务在倒计时 3 分 50 秒左右暂停。美国航空航天局随后宣布由于地面系统故障，取消当天的发射。

所以，倒计时的过程，就是发射的整个准备过程，充分体现了航天事业的严谨性。

还有一个冷知识，国内外发射倒计时口令略有不同。

中国的火箭发射倒计时口令是:“10……3、2、1，点火！”

国外的倒计时口令是:“10……3、2、1，发射！”

因为中国的火箭发射倒计时是点火倒计时。比如长征五号，火箭点火后有一个短暂几秒的间隙。在这期间，火箭要经历排氢、预冷等过程后再发射出去。

而国外的火箭发射倒计时是起飞倒计时。火箭在倒计时数到3时可能就已经点火了，所以一般倒计时的最后一个数话音刚落，火箭就直接飞出去了。

第十二问

火箭发射时为什么会冒不同颜色的烟？

火箭发射时为什么有的冒红烟，有的冒白烟?

这是个很有意思的问题，先用长征三号甲火箭来举个例子吧。

长征三号甲火箭是中国的主力运载火箭，也是近年来发射密度比较高的运载火箭。大家耳熟能详的“嫦娥工程”“北斗卫星”“风云卫星”能在太空正常工作都少不了它的功劳。

在长征三号甲火箭发射时，我们会看到火箭尾部喷红色火焰，同时夹着大量红烟，飞向茫茫宇宙。

这是因为长征三号甲火箭采用的燃料是四氧化二氮、偏二甲肼。四氧化二氮具有强氧化性，发射时会分解成红棕色的二氧化氮气体。这就是大家看到红烟的原因。

有些火箭为什么发射时会冒白烟，就像在腾云驾雾一样？

我们来看看中国新一代运载火箭长征五号、长征七号，它们发射时除了有红色火焰外，还冒出大量的白烟。

这个白烟主要由两部分构成：大部分是水蒸气，一小部分是燃料燃烧后产生的其他物质。

新一代运载火箭采用无毒无污染的液氢、液氧、煤油作为燃料，液体和气体状态的氢和氧都是无色的，燃料不充分燃烧就会出现少量白烟。

发射火箭哪里来的水蒸气呢？

火箭在点火前是被发射塔架包裹着的，点火起飞后，火箭才会离开塔架。在发射塔架的下方有一个巨大的深坑，就是导流槽，它的作用是将火箭发射时喷出的火焰引导到别处，防止高温火焰损坏火箭和地面设施。导流槽内有大量水，一部分白色的水雾就是高温火焰遇水形成的。

新一代火箭点火发射时，箭体尾部喷出的火焰“直击”发射平台，使发射平台表面温度瞬间接近 3000℃。即使火箭发射平台由特殊材料制成，表面有防热涂层，也很难承受如此高的温度。所以，新一代运载火箭的发射塔上，设有一个能容纳 600 吨水的水箱。在火箭发射的同时，水箱中的水通过“大流量喷水降温降噪系统”技术，在火箭飞到 5 米高以后向箭体尾部火焰中心喷水，喷水量达 400 吨。这些水会在瞬间被汽化，形成白烟。

不仅如此，新一代运载火箭等待起飞和飞行时，火箭侧壁也会冒出丝丝白烟。有人看到这种情景，担心是不是燃料泄漏。

其实不是的，这是因为火箭使用的是低温贮存的液氢液氧燃料。液氢的贮存温度是 -253℃，液氧为 -183℃。所以新一代运载火箭又被称为“冰箭”。

这些燃料使火箭内部的温度远远低于冰点，在与外界空气接触时，就好像夏天在屋里放了一块冰。所以，人们才会看到少量白烟。

第十三问

火箭发射架会熔化吗？

每次火箭发射的时候，火箭发射架都需要承受超高温，那发射架会被烧化吗？让我们来了解一下火箭发射的坚实基座——火箭发射架吧。

火箭发射架的外观非常壮观，通常由巨大的钢铁结构组成，高大而坚固。有的发射架高达几十米，甚至上百米。

从远处看，发射架可能只是一个巨大的金属架子，走近后会发现其实它有一个非常复杂的工程结构：各种各样的机械装置、液压系统和电子设备。它们共同协作，为火箭的发射提供支持。

发射架的底部有一个巨大的基座，这个基座深深地扎根于地下，为发射架提供了稳定的支撑。火箭在发射时会产生巨大的推力和冲击力，如果发射架的基座不够坚固，发射塔很可能被火箭的力量推倒。

火箭发射架的功能非常强大。它不仅是火箭的支撑结构，还是火箭发射的测试中心。

在它的顶部，有一个可以移动的平台，这个平台供工作人员在火箭发射前进行最后的检查和准备工作。

工作人员利用发射架上的各种设备对火箭进行全面的检查和测试，确保火箭的各系统正常运行。

当火箭准备发射时，发射架会通过一系列复杂的机械和电子系统，精确地测量和调整火箭的姿态，把火箭调整到正确的发射角度和方向。这个角度和方向直接决定了火箭能否成功地进入预定轨道。

另外，正如前文所述，在火箭发射的瞬间，箭体尾部喷出的火焰“直击”发射平台，可以使发射平台表面温度瞬间接近3000℃。所以火箭发射平台除了需要用特殊材料制成，表面有防热涂层，大部分发射塔架还会有喷水、降温、降噪功能。

在火箭点火升空的一刹那，发射塔架附属系统每秒能喷射出几十吨水，有效避免发射塔架底部和发射平台被烧蚀。

除了在火箭发射时发挥重要作用，发射架在平时也有很多用途。例如，它可以作为一个旅游打卡地和科普教育基地，让大家近距离地观察火箭和发射架的结构，了解太空探索的知识。

第十四问

嫦娥一号登上月球了吗？

嫦娥一号是中国自主研制并发射的第一颗月球探测卫星，可以算是嫦娥系列中的“大姐大”了，也可以说，嫦娥一号为中国的探月工程迈出了第一步。

嫦娥一号的这一步其实是克服了许多巨大的困难才完成的。

第一个困难就是距离远。

月球距离地球约 38 万千米，这是一段非常遥远的旅程。而且，从地球到月球的飞行路径不是一条直线，需要经过精心计算和规划。

在飞行过程中，嫦娥一号要不断调整自己的速度和方向才能准确地进入月球轨道，就像在一个巨大的宇宙迷宫中一样，稍有偏差，就可能迷路，导致任务失败。

第二个困难是太空环境恶劣，充满了各种辐射和微小颗粒的撞击。

嫦娥一号搭载了很多先进的科学探测仪器——CCD 立体相机、激光高度计、微波探测仪等。这些仪器能够对月球的地形地貌、物质成分、空间环境等进行探测。这样一来，嫦娥一号就需要具备强大的防护能力，保证它的电子设备和仪器不受到伤害，保持正常工作。

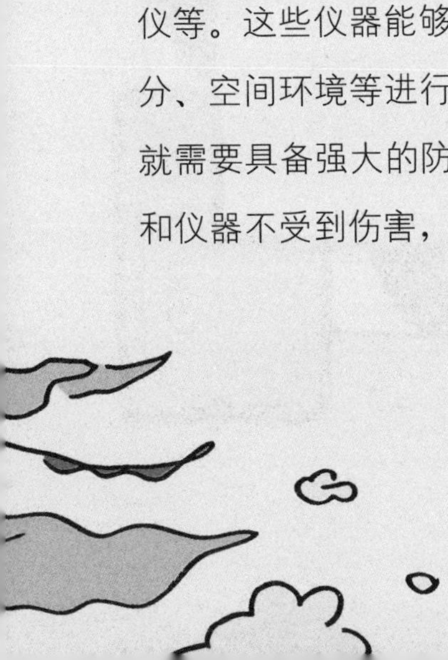

第三个困难是数据传输和处理不容易。

毕竟地球与月球距离那么远，无论地球上的工作人员想控制嫦娥一号，还是嫦娥一号想把探测数据传回地球，都不是一件容易的事。

正是这些困难，让嫦娥一号在技术上实现了多项创新和突破。

在轨道控制方面，嫦娥一号采用了全新的变轨策略，不仅提高了卫星的轨道精度，还大大降低了燃料消耗，延长了卫星的使用寿命。

为了保护好自己和设备，嫦娥一号的外壳和内部结构都采用特殊的材料和防护设计。

为了提高嫦娥一号数据传输的效率和可靠性，科研人员采用了先进的数据压缩和加密技术，地面的数据分析处理系统同时进行快速处理。简单说就是，嫦娥一号会传回一个加密压缩包，地面人员解密后，就能看到它传回来的资料。

嫦娥一号传回的月球表面图像，经过地面处理后，不仅可以清晰地看到月球上的山脉、陨石坑、平原等各种地貌特征，还能够精确地绘制出月球的三维地形图呢。

信心满满的嫦娥一号于2007年出发了。

它飞行在极轨轨道上，围绕着月球开展了整整16个月的综合性科学探测，获取了海量的科学探测数据。

不仅如此，嫦娥一号还很浪漫。它除了工作，还搭载了《爱我中华》《但愿人长久》《歌声与微笑》《走进新时代》等30首中国歌曲，在太空中循环播放。

遗憾的是，2009 年 3 月 1 日，嫦娥一号执行了它的最后一项任务——受控撞击在月面的丰富海区域!

是不是感到奇怪，好好的嫦娥一号为什么要撞月球?

其实，主动撞击月球是为了达成两个研究目标：探寻月面物质构成，即通过撞击月球，获得月面及月面以下物质的光谱；为未来的月面软着陆进行技术积累。

值得一提的是，嫦娥一号在撞月过程中，携带的 CCD 相机仍旧在实时传回清晰的图像。

嫦娥一号虽然没有真正意义上的“登月”，但它的成功发射和运行，标志着中国进入世界深空探测的行列，它首次获得了120 米分辨率全球影像图、三维月球地形图等，探明了 14 种有用元素在月球上的含量与分布特征。

这些科学数据为我国后面一系列的探月计划做足了准备。

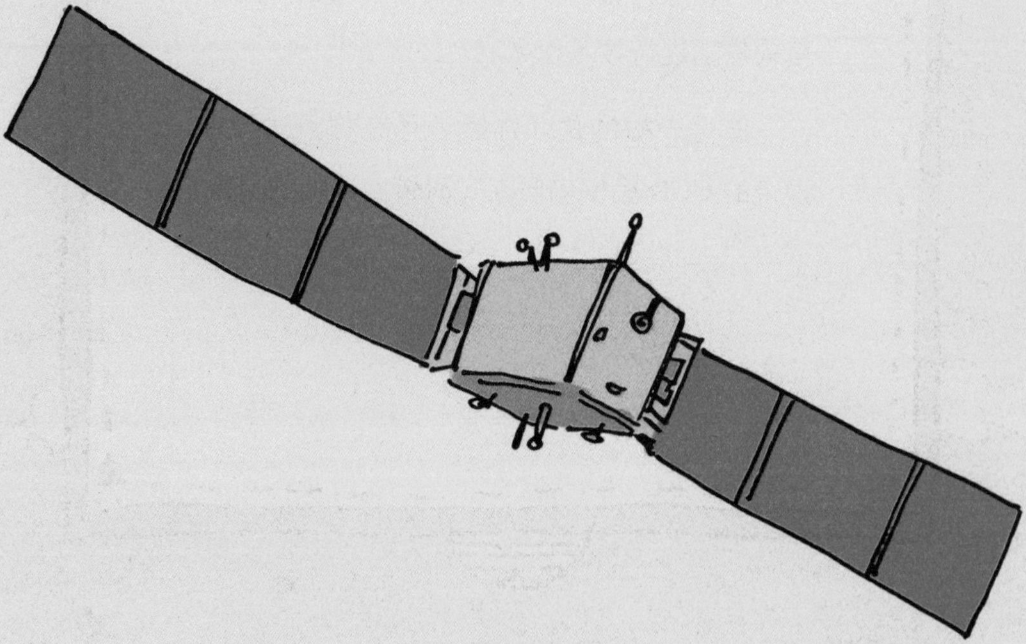

第十五问

为什么说嫦娥二号喜欢“争第一”？

最短距离

嫦娥二号的特点就是喜欢“争第一”。之所以这么说，是因为它在嫦娥一号的基础上，实现了许多重大的创新和突破。

首先，嫦娥二号在轨道设计上就有了显著的创新。它采用直接地月转移轨道，这一设计大幅缩短了卫星到达月球的时间，提高了探测效率。和嫦娥一号相比，嫦娥二号的飞行路径更高效，能够以更快的速度、更精准的路线，奔赴月球。

嫦娥二号就像找到了一条通往月球的“快速通道”，不用再走“太空迷宫”了。

在探测设备方面，嫦娥二号进行了升级和创新。

它携带的相机分辨率更高，就像人们从用普通的手机拍照，换成了用专业的高清相机拍照，能够看到更多的细节和更真实的景象。

在控制技术上，嫦娥二号能更好地适应复杂的太空环境和探测任务需求。同时，通信技术也有创新，它能够更快地把探测数据传回地球。

此外，嫦娥二号还有新任务——在完成对月球的探测后又飞向了更远的深空。

要知道，“嫦娥”奔月难，奔向150万千米深空也难，飞往700万千米外的深空与行进中的小行星交会，更是难上加难。嫦娥二号的“再拓展之旅”，是中国航天史上最远的一次跨越。

喜欢“争第一”的嫦娥二号除了完成常规任务，拓展和再拓展试验的成功，还创造了航天领域好多个“首次”：首次开辟奔月时间短、卫星燃料消耗少的直接奔月轨道；首次获得7米分辨率的全月球立体影像；首次实现从月球轨道出发，飞赴日地拉格朗日L2点进行科学探测；首次实现对图塔蒂斯小行星（4179号小行星）近距离探测。

这也是中国首次实现对月球以远的太空进行探测，首次拥有了飞入行星际的探测器，首次突破并掌握了1000万千米远的轨道设计与控制技术，首次选用图塔蒂斯小行星作为图标，采用光学定轨设计了具有中国特色的图塔蒂斯小行星轨道。最大限度节省了燃料，确保“嫦娥二号”有足够能量完成任务。

勇敢的嫦娥一号，敢于创新的嫦娥二号，都是中国航天事业不断发展、不断突破的有力证明。

探月工程、深空探测事业任重而道远，但我们相信，嫦娥团队敢为人先的精神，一定会创造新的奇迹！

第十六问

嫦娥三号带着谁登上了月面？

嫦娥一号撞毁在月球上，用硬着陆的方式，获得了众多关于月球着陆方法的研究数据。“争强好胜”的嫦娥二号去探索深空了。

安全地软着陆这个伟大的任务，就交给了嫦娥三号来完成。

嫦娥一号和嫦娥二号都是围着月球飞，没有真正意义“站”到月球上。嫦娥三号能成功登陆月球吗？

月球表面的环境极其复杂、恶劣，而且月球没有大气层，所以航天器在着陆过程中不能依靠空气阻力来减速，要想安全软着陆，是一件非常困难的事情。

月球表面布满了大大小小的陨石坑、山脉和峡谷，地形起伏不平。嫦娥三号想要着陆，必须避开这些危险的区域，选择一个相对平坦和安全的着陆点。这就需要它具备极其精确的导航和避障能力，能够实时感知周围的环境，并做出快速而准确的决策。

因为月球与地球之间的距离遥远，信号往返需要数秒钟的时间。这时间看似短暂，嫦娥三号却可能已经发生了很多变化，导致地面控制人员无法实时掌握它的状态。

所以，嫦娥三号必须具备“自己说了算”的控制能力，也就是自主导航和避障系统。它能够利用激光测距仪、相机等设备实时获取周围环境的信息，并通过智能算法进行分析和处理，自己规划出安全的着陆路径。

也就是说，在着陆过程中，如果它发现前方有一个巨大的陨石坑，可不会傻傻落下去，而是迅速调整姿态和速度，绕开这个障碍，选择更合适的着陆点。

这个厉害的本领，能够让嫦娥三号实时感知周围的环境，并做出快速而准确的决策。

选好了着陆的地点，但月球上没有大气层，只能依靠独特的“四条腿”着陆器设计来解决着陆减速问题。嫦娥三号的着陆器每条腿上都配备了先进的缓冲装置。当它着陆时，这些缓冲装置能够有效地吸收冲击力。

同时，嫦娥三号还采用变推力发动机。这种发动机可以根据着陆的不同阶段，精确调整推力的大小和方向，实现从高速下降到缓慢着陆的平稳过渡。

月球表面的昼夜温差极大，白天平均温度高达120℃左右，夜晚可降至-180℃左右。还好嫦娥三号有高效的热防护材料和独特的热控系统，这样就能保证仪器设备在极端温度下不“罢工”。

同时，它的能源管理系统能够有效地利用太阳能和电池，确保它在漫长的月球之夜（约14个地球日）也能正常运行。

2013年12月2日，长征三号乙火箭成功地把嫦娥三号探测器送入太空。12月14日，嫦娥三号稳稳地“站”在了月球上，实现了中国首次对地外天体直接探测的目标。

接着它又进一步完成了月面巡视勘察、月面生存、深空测控通信与遥操作等关键动作。其中，首次获得了着陆区月壳浅层 330 米深度内的剖面结构特性及地质演化图。还用月基光学望远镜在月面上对多个天区实现 3900 多小时近紫外天文观测等任务。

嫦娥三号成功地完成了自己的任务，为未来的月球探测和深空探索奠定了坚实的基础。

嫦娥三号还把中国第一台月球车带到了月球上，就是嫦娥三号的巡视器“玉兔”。

2013 年 12 月 15 日，嫦娥三号和玉兔互相拍了照。嫦娥三号着陆器清晰地拍下了玉兔月球车上的五星红旗。

第十七问

金甲玉兔到底有什么本领？

嫦娥三号登月时带去了一个小伙伴，就是玉兔号月球车。

嫦娥三号着陆月球后，放下斜梯，玉兔号月球车展开，调整姿态，滑下斜梯，开始月球地面巡视。

与稳稳地“站”在那里的嫦娥三号不一样，玉兔号就像一个勇敢的侦察兵，在月球上努力地奔跑、探索。

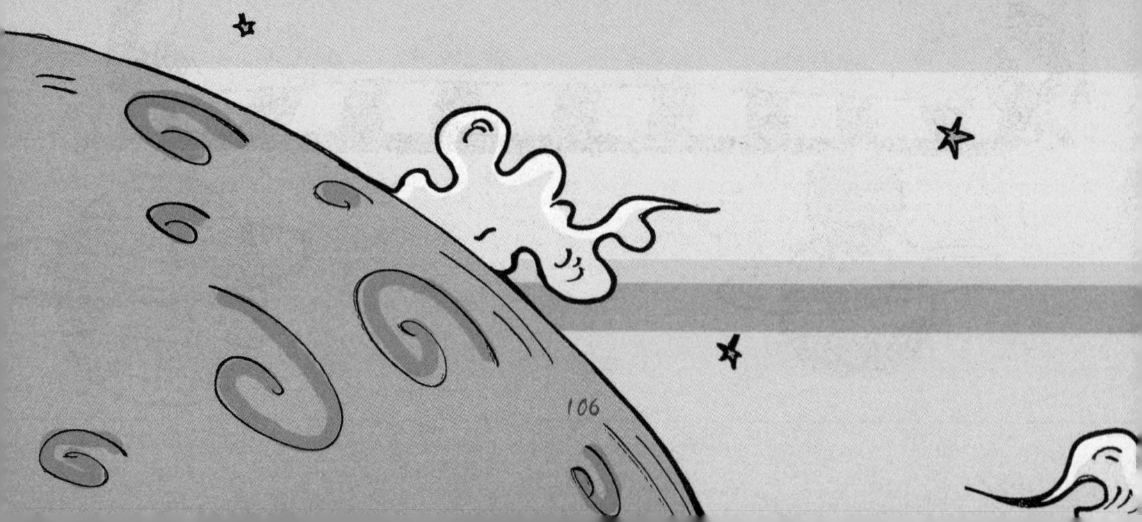

玉兔号月球车看起来像个小巧玲珑的玩具车，其实体重有137千克，相当于两个成年人加起来那么重。

玉兔号的全身金光闪闪，耀眼夺目。这个“黄金甲”可以反射月球白日的强光、降低昼夜温差，同时阻挡宇宙中各种高能粒子的辐射，支持和保护肚子里的“秘密武器”——红外成像光谱仪、激光点阵器等10多套科学探测仪器。

玉兔号的“脚”上有着特殊的花纹和结构，能够在月球表面崎岖不平、布满沙石的环境中稳稳地行走。

玉兔号每小时最多跑200米。要是让它和乌龟再来场“月球龟兔赛跑”的话，谁赢谁输还真说不定呢！

玉兔号的“眼睛”是它身上的各种探测仪器和摄像头，能够帮助它观察周围的环境，拍摄美丽的月球照片，还能收集月球表面的土壤成分、温度、地形等数据。

玉兔号月球车就像一个好奇的小朋友，用自己的“眼睛”仔细地观察着月球上的一切，然后迫不及待地把这些有趣的发现告诉地球上的我们。

最神奇的是，这个“小兔子”还有一对“翅膀”，也就是太阳能电池板，能够利用太阳能为自己充电。在月球上，白天阳光充足，“翅膀”展开，吸收阳光转化为电能，储存起来供晚上用。

玉兔号的“手臂”就是它的机械臂，很是厉害。

机械臂可以伸展和弯曲，抓取月球表面的土壤和岩石样本。玉兔号月球车发现一块看起来很特别的石头，就会用机械臂轻轻地把石头拿起来，然后观察、研究这块石头的奥秘。

玉兔号还配备了智能控制系统，就像它的“大脑”。这个“大脑”能够根据周围的环境和任务需求，自主做出决策。

如果遇到一个陡峭的山坡，控制系统会判断是继续前进还是绕路；如果能源不足，它会决定是暂时休息，还是加快工作进度。

还有一个小秘密，玉兔号月球车在月球上有一个特别的习惯，那就是工作一阵休眠一阵。

月球的自转约为 28 天，也就是说，月球上的一个昼夜，约等于地球上的 28 天。

当月面夜间最低温度降到 -180℃时，电子设备无法正常工作。所以，科研人员为玉兔号设计了休眠模式——14 个地球日工作，14 个地球日“睡觉”。

其实玉兔号月球车两种状态的转变并不顺利，2014 年 1 月 25 日，玉兔号月球车在进入休眠期前，病了。

因为受复杂月面环境的影响，玉兔号月球车机构控制出现异常。而且玉兔号在结束这次休眠的日子并未被成功唤醒。科研人员没有放弃对故障的分析和排查。

两天后，“玉兔”虽然被成功唤醒，但机构仍存在问题。

月球车玉兔

2014-1-25　来自　微博 weibo.com

啊……我坏掉了。

转发 4 万	评论 1.5 万	赞 1 万	

洋洋

♡♡♡，快点醒过来吧。

1-25　10:56　　59

流星雨

做个好梦，梦醒了我们一起回家！

1-26　3:10　　1

爱玉兔

小兔子晚安，希望你能醒过来！

1-26　11:55　　19

后来，“带伤”的玉兔号月球车在多次休眠又被唤醒后，于2016年7月31日停止了工作。设计寿命本来只有3个月的玉兔号，一共在月球上工作了972天。它的全景相机获取了多幅图像，对巡视器周围月面进行了360度环拍；它还用测月雷达配合嫦娥三号共同进行了月表浅层结构的探测任务。

你有没有一种感觉，玉兔号月球车像一辆在月球上跑来跑去、可爱的玩具车？

这辆“玩具车”的每个部分都经过了科学家精心的设计和无数次的试验，这才能够在遥远的月球上顺利工作。

第十八问

月球背面到底是什么样？

嫦娥四号带着人类对月背的猜想，在2019年1月3日平安着陆月背。虽然“嫦娥”系列登陆月球已不是难题，但最大的问题是，如何把嫦娥四号“看”到的月背景象传输回地球。

不论人类的探测器飞多远，都需要深空测控通信系统作为联络的“纽带”。

可由于深空任务周期长、通信时延大、信号微弱等原因，使深空测控通信实现起来非常困难，无论给星上设备还是地面设备，都带来了新挑战。

要知道，月球就像一个巨大的球体盾牌，阻挡着地球与月球背面的直接通信，导致地球发出的信号和嫦娥四号发出的信号被隔断了。月球背面的环境非常复杂，有高山、深谷、陨石坑等，使信号的传播变得非常不稳定。

嫦娥四号踏上月球背面的那一刻，它就走进了一个信息的“盲区”。

为了解决这个问题，科学家想出了一系列办法。

在嫦娥三号“奔月”4 年多之后，科学家先派出了一颗中继卫星。

这颗中继卫星就像一座架在地球和月球背面之间的通信桥梁，为地面系统和嫦娥四号传输信息。它还有一个浪漫的名字，就是“鹊桥”。

“鹊桥”中继卫星被发射到一个特殊的位置，这个位置被称为“地月拉格朗日 L2 点”。在这里，“鹊桥”可以相对稳定地运行，同时又能很好地与地球和月球背面进行通信。

“鹊桥”中继卫星上配备非常强大的通信设备。它就像一个超级信号接收器和发射器，能够接收来自地球的指令，并把这些指令准确无误地转发给嫦娥四号，同时接收嫦娥四号发回的数据并传给地球。

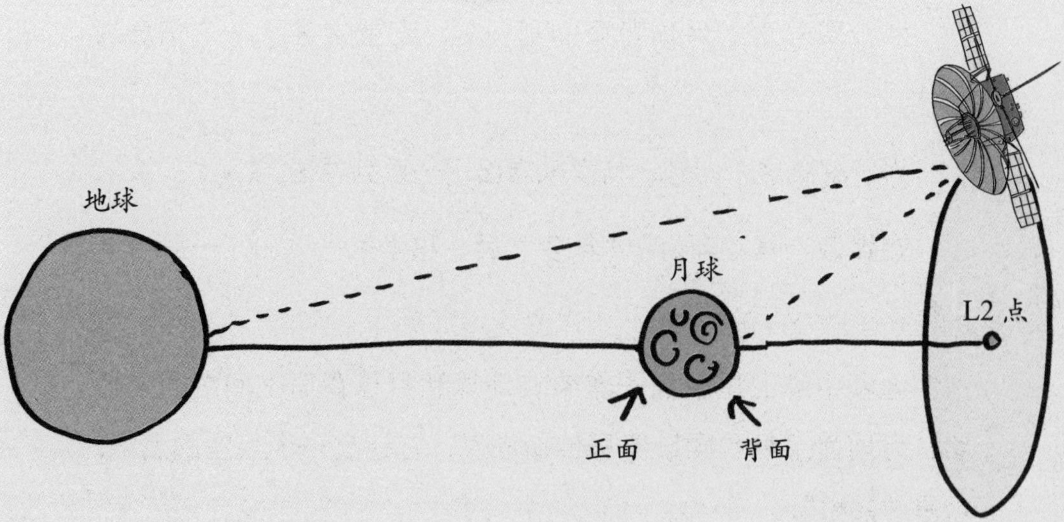

为了让“鹊桥”更好地完成任务，科学家在技术上进行了很多创新。

“鹊桥”配备了高灵敏度的接收装置，能捕捉到非常微弱的信号；为了保证信号的稳定和清晰，先进的编码和调制技术就像给信号穿上了一层防护服，让它们在穿越漫长的太空距离时不受干扰，也不发生损失。

当然，嫦娥四号的通信系统也进行了优化和改进。

嫦娥四号配备高性能的天线，能够更加高效地发送和接收信号。同时，嫦娥四号还有智能信号处理能力。如果遇到信号干扰，会自动切换到更稳定的频段，确保通信的畅通。

当“鹊桥”摆好位置，嫦娥四号再飞上太空，着陆在月球背面后，它们之间的通信系统就像一对默契的伙伴，紧密配合起来。

地球发出的指令，先被“鹊桥”接收，然后迅速转发给嫦娥四号。

嫦娥四号完成任务后把探测到的数据发送给“鹊桥”，“鹊桥”再把这些宝贵的数据传回地球。在这个过程中，每一个环节都不能出错，每一个信号都至关重要。

就这样，嫦娥四号成功解决了月球背面通信的难题，实现了人类首次在月球背面的通信自由。

第十九问

在月球“挖土”是什么感受？

有了嫦娥四号的月背着陆和“鹊桥”中继星的配合，嫦娥五号迎来了它的使命：到月球上采集月壤和岩石样本，并将它们带回地球供科学家进行研究。

因为月球和地球相比，缺少了两件厚厚的“防护服”——大气层和磁场。所以月球几十亿年来承受了无数次小行星的撞击，表面的岩石被碾压成了非常细的粉末，最终形成了现在的月壤。

这次去月球“挖土”的任务，就像一次“寻宝”之旅。这个“宝”蕴含着月球奥秘的重要线索。

和其他几位“嫦娥”前辈不同，嫦娥五号分为四个部分，分别是轨道器、返回器、着陆器和上升器。

它们像四个手拉手的小伙伴。到达月球轨道后，这四个小伙伴不是一起降落到月球上，而是着陆器和上升器落下，轨道器和返回器继续绕着月球飞行。

着陆器在月球表面挖好月壤之后，就留在月球上。上升器带着月壤从月球表面起飞，找到一直在太空中等它们的轨道器和返回器，把月壤交接给返回器。轨道器和返回器一起返回，来“送货”的上升器则留在太空里，回不去了。

返回时，靠近地球之后，轨道器会与返回器分离。最后，带着月壤回到地球的只有返回器。

这个过程真是有点复杂，去的时候是四个小伙伴，回到地球的时候就只剩一个了。

我们再来介绍嫦娥五号的“挖土”过程，也就是采样工作。这可是嫦娥五号所有任务中最精彩的部分了。

月球表面的月壤和岩石性质复杂，有的坚硬，有的松散，需要根据不同的情况，选择合适的采样方式。

嫦娥五号有能够钻取深层岩石样本的钻具，还有可以抓取表面月壤的机械臂。它们就像为嫦娥五号配备的品种齐全的工具箱，可以应对各种采样的需求。

在这个过程中，要确保样本不受污染，保持其原始的状态，这对采样设备和操作流程要求非常高。

完成采样后，嫦娥五号要对样本进行封装，严严实实地包裹起来，防止在返回途中受到损坏或丢失。

接下来嫦娥五号就踏上了返回地球的旅程。在这个过程中，它还要穿越大气层，承受高温和高压的考验。

好不容易上一次月球，为什么不让嫦娥五号多拿点儿月壤呢？

第一，上升器的载重能力有限，如果拿太多月壤，它就飞不动了，可能会影响探测器其他系统的正常运行，甚至超出火箭的运载能力。

第二，着陆器取样有时间限制。轨道器和返回器还在月球轨道上“绕圈”等待交接，必须在短时间内完成“挖土”任务。

第三，从科研角度来说，带回的月壤样本主要用于分析月球的物质成分、演化历史等。经过科学论证，2 千克左右已经满足现阶段科研需求。所以不用过度追求采样量。

最终，嫦娥五号历经 23 天，成功携带 1731 克珍贵的月球样本返回地球，并在预定的地点着陆。

科学家研究了嫦娥五号取回的月壤后，对月球有了很多新的认识，首次证实了月壤中存在撞击成因亚微米级磁铁矿，首次发现具有蒸发沉积特征的蓝辉铜矿物，还发现了月壤中存在石墨烯、天然玻璃纤维等。

还有我们老百姓最好理解的一点，那就是月壤和地球上的土壤有很大区别，月壤中不含有机养分，没办法直接种菜哦！

这是中国航天事业的又一次伟大胜利，也意味着我国探月工程“绕、落、回”三步走的最后一步顺利完成。

第二十问

备用选手也能立大功吗？

嫦娥六号探测器，其实是嫦娥五号探测器的备份。也就是说，万一嫦娥五号的任务失败，嫦娥六号可以作为“后备选手”及时顶上。

嫦娥五号在月面采样的任务完成得很顺利，于是，作为备份的嫦娥六号任务就有所调整，改成到月球背面获取样本。

嫦娥六号任务并非嫦娥四号与嫦娥五号任务的简单相加，事实上必须攻克月球逆行轨道设计与控制、月背智能采样和月背起飞上升等多项关键技术，实现多项重大突破，才能完成任务。

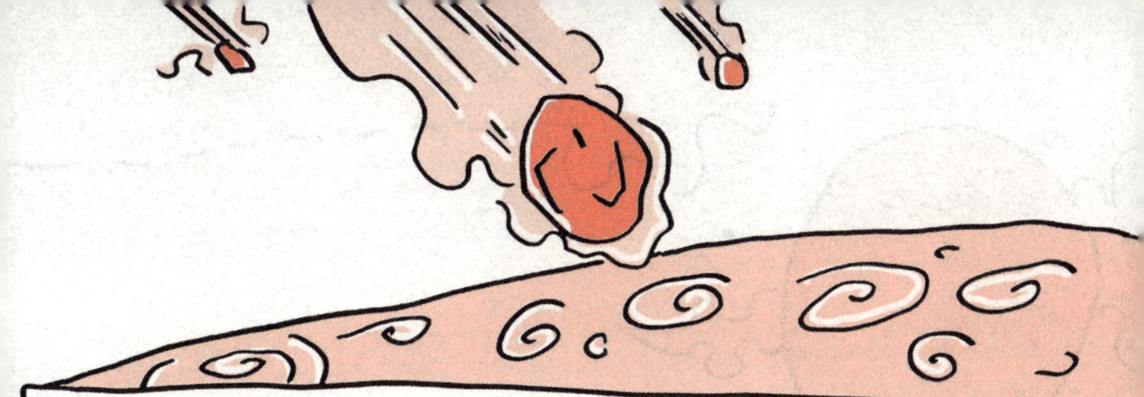

不要以为去月背“挖土”和在月面“挖土”差不多，其实在月背“挖土”难度大得多。

那么，已经有了月面的土壤，为什么非要再取月背的土壤呢？

科学家猜测，月球背面与正面在地质结构、物质组成、演化历史等方面，都可能存在很大的差异。事实上，对月背样本的分析，可以更深入地了解月球内部的构造和演化过程。比如，月背的岩石可能记录了月球早期形成时的高温、高压环境，以及后续的地质活动历史。

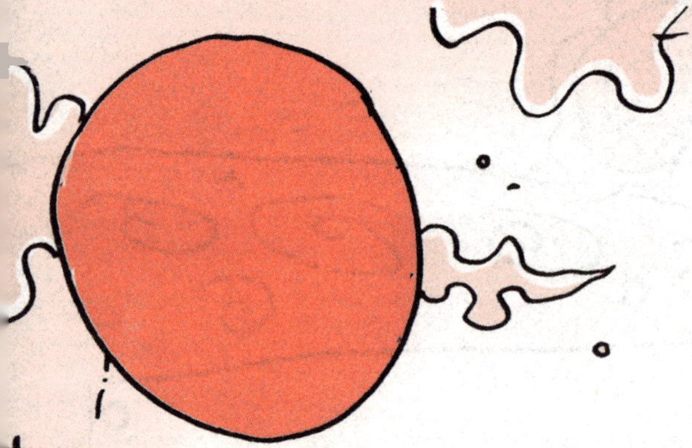

在物质组成方面，月背的样本与之前嫦娥五号任务的样本有着巨大差异，为人类研究月球早期的历史提供了重要的一手材料。

因为月球背面受到的撞击次数可能与正面不同，表面的陨石坑分布、大小以及坑内物质的年龄和成分等，都会像一本古老的史书，帮助探索者解读月球在漫长岁月中的变迁故事。

嫦娥六号采集的样本中包含特殊环境留下的痕迹，让科学家能够更好地理解宇宙射线和太阳风对月球表面产生的作用。

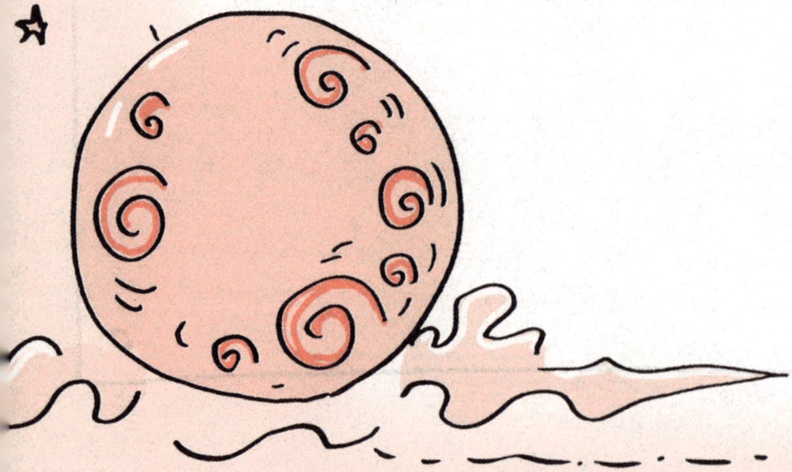

如果在月背样本中发现了某种特殊的辐射，科学家就可以提前研发相应的防护材料来保障未来航天员的登月安全。

此外，月背采样还有助于研究太阳系的形成和演化。

嫦娥六号从2024年5月3日发射升空，到返回落地，历时53天，于2024年6月25日“顺利回家”。

作为一个曾经的备份，它勇敢地承担起了新的重任，不仅平安归来，还首次从月背采集并带回了1935.3克月壤样品。

2025年2月28日国家航天局发布的成果显示，通过分析月背玄武岩，首次验证了“全月尺度岩浆洋假说”，揭示月球形成初期曾存在覆盖全月的岩浆海洋。

除此之外，从月背带回的月壤还帮助科学家们收获了大量的研究数据。

嫦娥六号的任务完成，还有一个重要意义，就是促进了国际航天合作和科学交流。全世界的科学家都对月背充满了好奇和期待，而嫦娥六号带回的月背样本将为全球的航天和科学界共享。

第二十一问

是谁在“绕”着火星转圈圈？

天问一号是中国的火星探测器。它一次性成功完成了火星“绕、着、巡”的探测任务。

那什么是“绕、着、巡”呢？

顾名思义，“绕”是环绕火星飞行，对火星进行全面的遥感探测；“着”是在火星表面成功着陆；“巡”是释放火星车，在火星表面进行巡视探测。

天问一号要完成“绕”的任务，就需要精确地进入火星轨道。这不是一件容易的事情。

天问一号在太空中飞行了数亿千米，要准确地找到火星，并进入一个恰到好处的环绕轨道，就像在茫茫太平洋中找到一个小小的岛屿。

找到“小岛屿”还不够，还要精准地停靠在它的旁边，绕着它一圈又一圈不停飞。

为了实现这一目标，天问一号搭载了先进的导航和控制系统，能够实时感知自身的位置和速度，以及火星的引力场等信息，根据这些信息自行调整飞行姿态和速度。

第二步“着”，也不简单。

火星的大气密度低，表面地形起伏大。进入火星大气后，天问一号需要经过约 9 分钟的减速、悬停避障、缓冲，才能软着陆在预选区域。

在这短短 9 分钟内，天问一号要完成一系列高难度动作，包括气动减速、降落伞减速、反推发动机点火等，每个动作都必须精准无误，否则可能着陆失败。

当天问一号成功着陆后，“巡”的任务就开始了。

祝融号火星车从天问一号着陆平台缓缓驶出，开始在火星表面进行探测。作为天问一号的助手，火星车也非常厉害。

火星车要面对火星表面的恶劣环境，如低温、强辐射、沙尘暴等。

火星基本上是沙漠行星，地表沙丘、砾石遍布，大气稀薄，所以火星上的沙尘暴非常“恐怖”。火星沙尘暴的速度每秒能达到 180 多米，而我们通常说的 12 级台风，风速也只是每秒 32.6 米。

每个火星年（约 687 个地球日）约发生上百次这样的区域性沙尘暴，每次沙尘暴持续几周，甚至几个月。

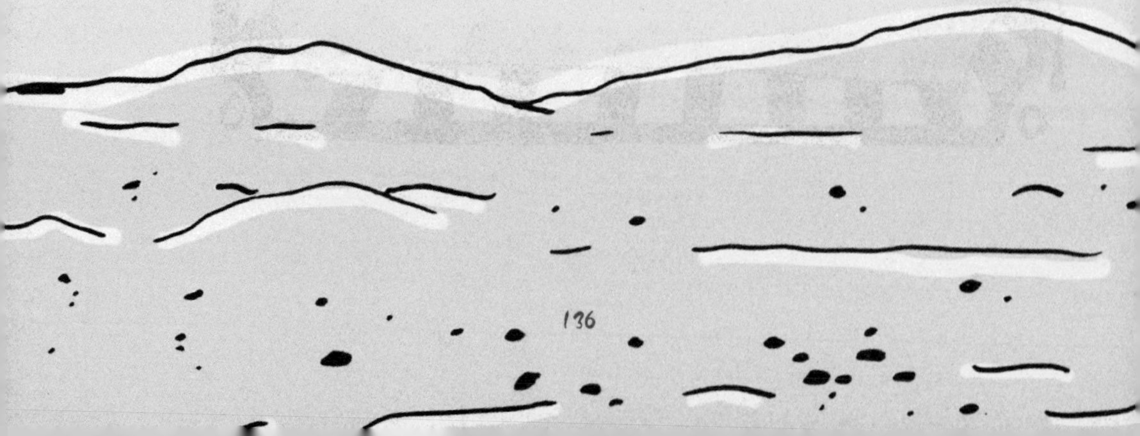

在这样的环境下工作，天问一号和火星车需要非常强大的本领。

火星是太阳系中距离地球较近、自然环境和地球最为类似的行星，开展火星探测非常重要。

因为火星探测不仅有助于探究火星生命是否存在，研究火星的演化过程，还可以借这个机会了解地球的演化历史，预测地球的未来变化趋势。

2025 年中国航天技术集团提出，我国将在 2030 年前后实施火星采样返回的计划。

后续，天问三号将接过“探访”火星的接力棒，实施火星采样返回。它将生命痕迹探寻作为第一科学目标，还将深入研究火星气候及演变、火星地质等议题。

也许我们人类未来的外星移民计划，目的地就会定在火星！你是不是像我一样充满了期待呢！

第二十二问

为什么有人说火星车是“火星生物”？

当我们提到生物，孩子们可能会想到地上跑的、天上飞的、水中游的动物，但在遥远的火星上，中国首辆火星车祝融号，也是有着“生物特点”的。

祝融号火星车像地球上的生物一样，有它自己的“感官”。它身上携带了各种各样的科学仪器，就像它的“眼睛”“耳朵”和“鼻子”。

摄像头是“眼睛”，帮助祝融号看火星风景。它不仅看，还可以拍摄火星表面的图像，让远在地球的人类也能见到火星的地貌。

一些仪器像鼻子、耳朵，可以检测火星表面的温度、气压、磁场等，就像祝融号在感受火星的“呼吸”和“心跳”，了解火星的“身体状况”。

人们之所以觉得祝融号像火星生物，就是因为这款火星车有自己的“运动方式”。

祝融号火星车配备了先进的主动悬架，具有蠕动、抬轮、车体升降等多种运动模式。它的轮子就像它的“脚”，通过电机的驱动，轮子可以转动，带着祝融号在火星表面前进、后退或者转弯。

如果遇到大石头或者陡峭的山坡，祝融号火星车还会像聪明的小动物一样，选择合适的路线绕过去，避免被卡住。

从外貌上看，祝融号火星车有点像美丽的蓝色闪蝶，但它有四只翅膀。

祝融号火星车像地球上的生物一样，需要能量来维持它的工作。它的四只翅膀就是用于吸收能源的太阳能电池板，能适应火星上的光谱，达到极高的转化效率，帮祝融号在火星上“荒野求生”。

无线电设备成了“蝴蝶”的复眼，天线成了“蝴蝶”的触须。

2021年5月15日，祝融号随天问一号着陆巡视器在火星乌托邦平原南部着陆。祝融号火星车着陆火星后，没有立即开工探测。它先把桅杆立起来，相机能用了，便有了“眼睛”，能分辨周边的障碍；把太阳翼展开，尽可能多而快地获取能源，因为能源是维系生命的养料；再把天线展开，建立通信链路后，第一时间给地球报平安。

5月22日驶上火星表面，开始巡视探测。在寒冷的火星夜晚，祝融号会“睡觉”，节省能量。等待太阳再次升起，重新充满活力。

火星上有很多沙尘，祝融号有特殊的涂层来对付沙尘。涂层材料的表面不易沾染，即便沾上了灰尘，也可以通过振动轻轻一抖，把它们抖落。

祝融号太阳能板上有沙尘怎么办呢？它有除尘法——类似下雨时荷叶上的水珠，特殊的涂层使沙尘“打滑”，遇风很容易被吹离太阳能板。

就像生物在不断适应环境中变得更强大一样，祝融号在不断适应火星的环境，完成它的探测使命。

通过这些与生物的相似之处，祝融号火星车就像一个在火星上勇敢探索的“智能生物”，带着人类的希望和梦想，在火星上寻找着生命的迹象，探索着火星的奥秘。它的探测取得了很多成果。比如，祝融号在地下 10 米至 35 米深处识别出多层倾斜沉积结构，与地球海岸沉积物高度相似，为火星北部存在海洋提供了关键证据。它还在火星低纬度地区表面发现了液态水，沙丘表面也存在大量含水矿物质。在气象方面，祝融号获取了火星的气温、气压、风速、风向等气象数据。

但遗憾的是，祝融号工作一年后，在 2022 年 5 月 18 日，因为受到火星冬季严寒和沙尘天气的影响，它进入冬季冬眠模式，截至 2025 年 3 月，仍未唤醒。

也许在不久的将来，天问三号登陆火星后，能够帮帮它，这样两个小伙伴就可以一起继续工作了！

未来的某一天，相信我们能够根据在火星上的发现，制造出更加先进、更加智能的火星车，甚至能够在火星上建立人类的基地，让我们更加深入地了解这个神秘的星球呢！

第二十三问

你使用过导航卫星吗？

北斗卫星导航系统是中国自主建设、独立运行的全球卫星导航系统，它具有许多令人惊叹的特点。

导航系统，当然对定位精度有要求了，因为它得非常准确地向求助者提供位置信息。使用带有北斗导航功能的手机，能把定位误差控制在很小的范围内，能精确到几厘米。

这对车辆导航、测绘工作、农业生产等很多领域，都有着极重要的意义。

北斗系统具有强大的短报文通信功能。这是北斗区别于其他全球卫星导航系统的一个特点。

短报文通信功能是什么？

简单来说，就是即使在没有移动网络信号的地方，比如偏远山区、大海，或者在发生灾害导致通信中断的情况下，通过北斗系统，用户也可以知道自己的位置，还能向外界发送自己的位置和求救信息。

曾经有一艘渔船在海上遇到了恶劣天气，船上的通信设备损坏，与外界失去了联系。幸好船员携带的北斗终端能正常工作，通过北斗的短报文通信功能发送了求救信息，最终渔船得到了救援。

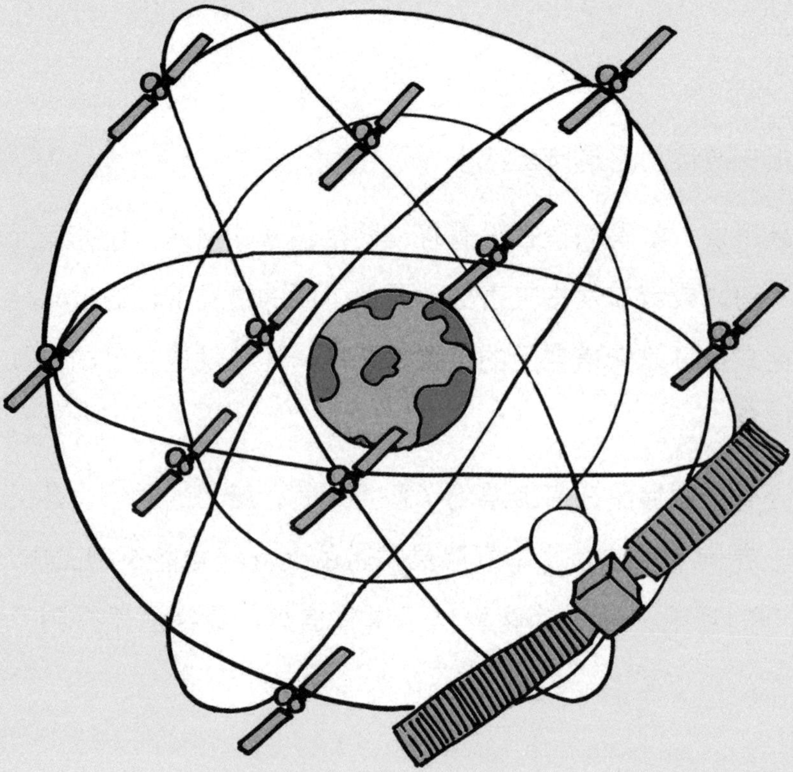

北斗系统的全面覆盖能力很强大。北斗系统能够为全球用户提供服务，无论在世界的哪个角落，都能享受到北斗带来的便利。

这一点对国际救援、远洋运输、极地考察等活动非常重要。

北斗系统还具备良好的兼容性。它能够与其他卫星导航系统相互兼容、相互补充。这好比两个人使用不同的语言，但通过翻译就可以相互交流一样。

北斗系统的建设和发展，带动了中国航天技术的整体进步。因为在北斗的研发过程中，突破了一系列关键技术，培养了大量的专业人才，在卫星制造、火箭发射、信号处理等方面，都取得了重要的技术创新。

这些技术不仅用于北斗系统，还在其他航天任务和相关领域广泛应用。在交通运输、物流配送、智能电网等领域，北斗的应用提高了生产效率，降低了成本。

在日常生活中，北斗系统也被广泛应用。

乘坐公交车时，北斗可以帮助车辆实现精准到站预报；在共享单车的管理中，北斗能够实时定位车辆的位置；开车出行时，北斗导航能够提供准确的路线规划，避开拥堵路段。

截至 2024 年，中国已经有 60 颗北斗卫星升上了太空。北斗卫星导航系统是中国航天领域的一颗璀璨明珠，它的特别之处不仅体现在技术的先进性和创新性上，还像忠诚的卫士一样，在太空中努力保障人类生活。

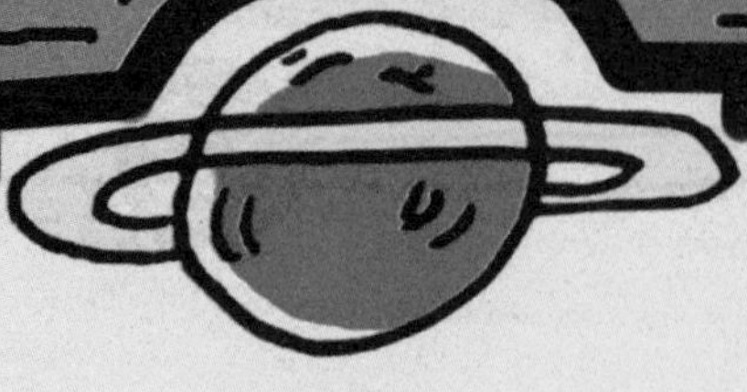

第二十四问

太空中也有“孙悟空”吗？

你一定知道孙悟空，他一个跟头十万八千里，陪唐僧去西天取经，一路上降妖除怪，他的故事可谓精彩纷呈。

孙悟空和我们今天的航天器有什么关系呢？

在浩瀚无垠的宇宙中，存在着许多神奇的奥秘，暗物质就是其中之一。科学家推测，暗物质虽然看不见、摸不着，但它在宇宙的构成中占据了重要的地位。

为了探索宇宙中暗物质的奥秘，中国的科学家精心打造了一员“猛将”，它就是暗物质粒子探测卫星——悟空号！

悟空号卫星大约有一张书桌那么大，就像一个四层蛋糕，从上到下分别装备有塑闪阵列探测器、硅阵列探测器、BGO 量能器和中子探测器。

悟空号带着探索任务，腾云驾雾般直入太空。

但是，想要追踪这种既不发光，又几乎不与普通物质发生相互作用的暗物质非常困难。还好，当暗物质粒子相互碰撞并湮灭时会产生一些高能粒子，可以据此来跟踪捕捉它们。

悟空号要做的就是，努力捕捉到这些高能粒子的踪迹，由此推断暗物质的存在。

为了完成艰巨的任务，科学家们给了悟空号“火眼金睛”的本领。

配备在悟空号上的这些精密装备能够在广袤的宇宙中捕捉到极微弱的信号，而且速度极快，平均每秒就能捕捉 60 个高能粒子。

悟空号的观测能段范围非常宽，能够探测到更广泛的粒子能量范围，并且能够更精确地区分不同能量的粒子。

悟空号飞天 6 年多，完成全天区扫描超过 11 次，获取了百亿个高能宇宙射线事件。

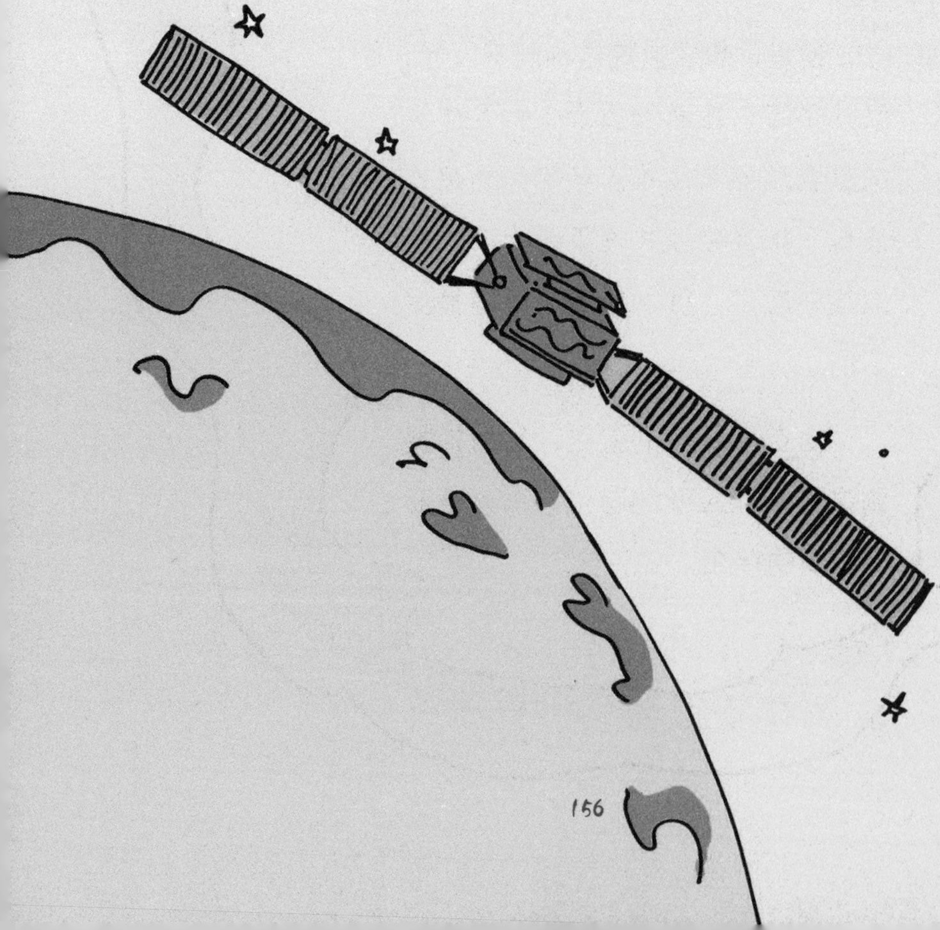

2021年5月，悟空号团队绘出了迄今世界上最精确的高能氦核宇宙线能谱，并观测到能谱新结构。

截至2024年12月，悟空号累计公开发布了超过23万个高能伽马射线数据，为伽马射线天文研究提供了大量宝贵数据。

这些成果不仅让人类对宇宙的构成和演化有了更深入的理解，也让中国在空间高能粒子探测领域跻身世界前列。

通过悟空号的探测，我们有可能找到暗物质存在的直接证据，从而改变人类对宇宙的认识。

也许现在你们还不能完全理解悟空号的重要性，但希望你们能够记住，科学家一直在努力探索未知，追求真理。未来，你们中的有些人会成为优秀的科学家，继续去探索宇宙的奥秘，就像悟空号一样，勇敢地向着未知的领域前进，去发现更多的奇迹。

第二十五问

谁在宇宙中追踪“幽灵”？

世界上第一颗量子科学实验卫星叫墨子号。墨子是谁？他是我国古代一位伟大的科学家，在很早以前就对光学等领域有了研究。墨子号就是为了致敬我国这位有科学头脑、乐于探索未知世界的先人墨子。

量子是物理世界最小的基本单位，可以说整个世界都是由量子组成的。量子有一些非常奇妙的特性，比如量子叠加原理和量子纠缠。

研究量子有什么用呢？

在通信领域，可以做到保障信息安全，提高通信效率；在计算领域，可以提升运算速度，解决复杂问题；在测量领域，可以提高测量精度，进行微弱信号探测；在医疗领域，可以提升对疾病的早期检测准确率。

另外还有材料、能源等多种领域，量子研究都有着很大的作用。

基于量子神奇的特性，我们先展开说一下量子通信技术，这也是墨子号的首要任务。

现在的通信很容易被别人窃听。但是量子通信就不一样啦，它能够实现更加安全的通信。

量子保密通信，就像传递一个装着“武功秘籍”的密码箱，只有输入正确的密码才能打开箱子看到“武功秘籍”。一旦有人乱按密码，发送者马上就会发现，于是会及时换新的密码，直到确保接收方本人拿到“武功秘籍”。

为什么我们把墨子号发射到太空中？因为在地面上通过光纤传递量子信息有很大限制。量子在光纤中传递会有损耗，距离越远，信号就越弱。而在太空中传递是没有这些损耗的，这样就可以实现更远距离的量子通信了。

我们用墨子号开展了很多复杂、有趣的试验。比如星地高速量子密钥分发试验、广域量子通信网络试验。这些试验的难度，就像我们在万米高空飞行的飞机上，把上亿枚硬币投向地上放着的一个不断旋转的储蓄罐。这些硬币能准确地投进细长的投币口，想想都觉得不可思议吧？

墨子号的成功发射和进行的试验有非常重要的意义，让中国首次实现了星地量子通信，在国际竞争中抢占了主动权。

在未来，量子通信大规模推广应用后，信息泄露的风险将极大降低。

而且，量子通信不仅能用于日常的通信，还能保障水、电、煤气等供应的通信安全，在国防、金融、商业等领域也能发挥巨大的作用。

第二十六问

返回地球的科学卫星带回了什么秘密？

一般卫星发射升空后，它就会一直在太空中工作，直到“退役”。那么，有没有工作一段时间，就自己返回来的卫星呢？

当然有，中国的实践十号卫星，就是一颗返回式卫星。

它在完成太空任务后，带着在太空中获取的宝贵数据和试验成果返回地球。这样，科学家就能够更直接、更详细地进行研究和分析了。

实践十号卫星是专门开展“微重力科学”和“空间生命科学”研究的综合实验平台。

简单来说，就是在太空的微重力环境下，进行在地球上很难或者无法进行的科学实验。实践十号卫星发射升空，相当于在太空微重力环境下搭建了一个“移动实验室”。

比如把一些蚕宝宝带到太空中，看看它们在没有重力的情况下会怎么发育、怎么长大、怎么吐丝。

还有关于微重力条件下，光周期诱导高等植物开花的研究，这为农业生产中的作物栽培和品质选育，提供了理论基础。

返回式卫星到底长什么样？

实践十号卫星整体是柱锥组合体，有点像子弹头，分为返回舱和仪器舱两个舱段。其中，仪器舱包括服务舱和密封舱，返回舱包括回收舱和制动舱。

回收舱在完成任务后，经大气层返回地球并被回收，它的外形和神舟飞船返回舱有些类似。

整颗卫星不到3.6吨，并不是特别大，可以在轨工作15天，但回收舱在轨12天即返回。

实践十号返回式卫星一共搭载了19名科学试验“乘客”。

这19名“乘客”中，微重力科学试验项目10项，空间生命科学试验项目9项。其中8项流体物理和燃烧试验放在留轨舱内进行，可以理解成“单程票乘客”；其余11项科学试验在回收舱进行，可以理解为“往返票乘客”，最后将重返地球。

这些研究可以更好地让人类了解宇宙的奥秘、利用太空资源，为人类的长期生存发展提供更多的可能。

如果我们以后要在太空中建立永久空间站，或者进行更长时间的太空旅行，就需要了解在微重力环境下，人体会发生什么样的变化，植物能不能在太空正常生长等问题。

实践十号卫星就像“先行军”一样帮助人类收集了各种数据。这些数据的研究成果，为科学家解决关于宇宙的问题提供了重要的参考。

第二十七问

太空也能发射X射线吗？

你知道X射线吗？它可是一种超级厉害的“光线”。虽然人类肉眼看不到它，但是在医院里拍片子就会接触到X射线。

宇宙中有很多天体都会发射X射线，比如中子星、黑洞、超新星等。

这些天体就像宇宙中的大怪兽，它们的活动会产生强烈的X射线。但是，这些X射线要到达地球可就非常不容易了，因为它们在穿过大气层的时候被削弱很多，在地面上很难观测到。

这时候，超级“慧眼”出场啦。

“慧眼”是中国第一颗硬 X 射线调制望远镜卫星，它飞到太空中去观测 X 射线，了解宇宙的奥秘。

就拿黑洞为例吧，从 1964 年美国探空火箭所携带的探测器发现第一个黑洞——天鹅座 X-1，到 2014 年上映的美国科幻大片《星际穿越》中出现的黑洞，像一个深不见底的黑色旋涡，散发着令人敬畏的气息。黑洞，这个吞噬一切的神秘天体，一直像个神秘的怪物。

60 多年过去了，人类对黑洞的探索仍然处于初始阶段，这也是科学家还要探测 X 射线的原因。

慧眼卫星的设计寿命是4年，质量2496千克，形状像一个立方体，由服务舱、载荷舱、太阳翼等部分组成。慧眼卫星有很多工作模式，比如巡天观测、定点观测和小天区扫描模式。

和国外同类卫星相比，慧眼卫星有很多优点。它覆盖的能段特别宽，有一个超级宽的“视野”，能够“看”到更多不同能量的X射线。

慧眼卫星的时间分辨率很高，就像一台超级快速的照相机，能够迅速地拍下宇宙中的变化。

慧眼卫星有很多不同的“观察方式”：有时候慢慢地扫描整个天空，看看有没有什么特别的东西；有时候盯着一个地方仔细观察；还有时候在一个小范围内仔细搜索。

慧眼卫星身上装着高能、中能、低能 X 射线望远镜和空间环境监测器等。这些“法宝”让慧眼卫星不仅能看到宇宙中发生的事情，还能看清事情发生的全过程和变化的细节。

慧眼卫星从发射升空到现在，已经取得了很多了不起的成果：成功监测了双中子星并合产生引力波事件；发现了宇宙中最强的磁场，就像找到了宇宙中的“超级磁铁”；高精度地实现了“脉冲星导航”的在轨验证。

最近，“慧眼”首次清晰观测到了黑洞双星爆发过程的全景，就像录制了一部关于黑洞的电影；完整探测到了太阳活动周最大耀斑的高能辐射过程，使人类对太阳的了解更深入。

截至 2024 年，虽然“慧眼”已经超过了它的设计寿命，但还在努力工作，且状态良好。

第二十八问

名叫“微笑”的卫星是做什么的？

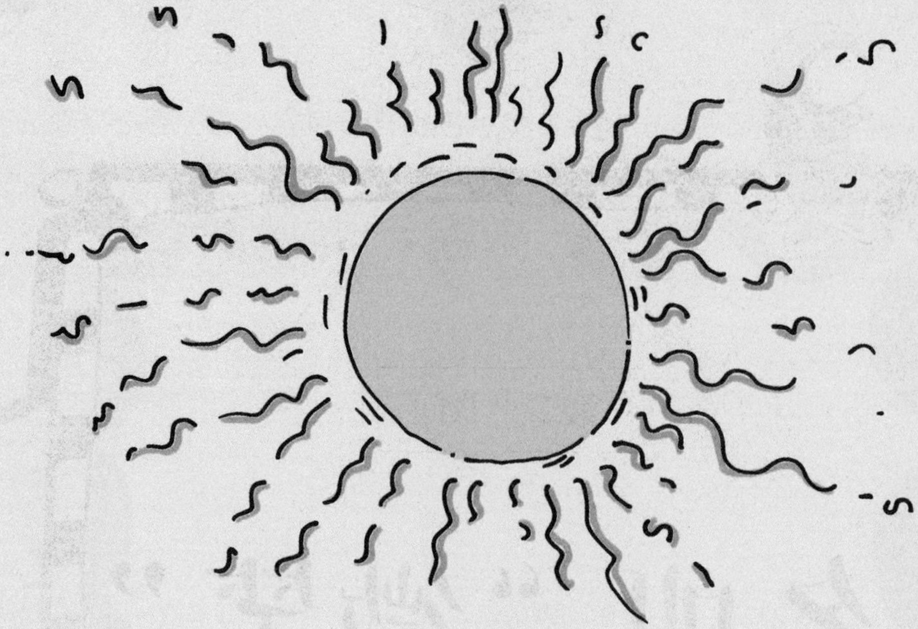

地球就像一块巨大的磁铁，周围环绕着一层看不见的磁场，叫作磁层。

太阳会不断地向外吹出一种叫作太阳风的东西，它就像一阵强大的风，吹向地球的磁层。太阳风和地球磁层之间到底会发生什么事情呢？

这就要靠太阳风－磁层相互作用全景成像卫星——“微笑”（SMILE）进行探索了。

“微笑”卫星是中国和欧洲航天局一起合作的一项非常重要的太空任务。

为什么要研究太阳风和磁层的相互作用呢？原因很简单，它能帮助人类了解地球所处太空环境的变化。

“微笑”卫星去太空工作时会携带一套超级厉害的科学仪器：

软X射线成像仪，就像一台超级相机，能够对地球的磁层顶、极尖区和磁鞘区成像；紫外极光成像仪，可以捕捉到地球极光区的美丽画面；低能离子分析仪，能够测量地球附近太阳风、磁鞘及磁层里的低能离子；数字磁强计，可以探测卫星所在空间磁场的三维矢量，让人们了解磁场的大小和方向。

这看起来有点复杂。“微笑”卫星用这么多装备要观测什么呢？

有时候，太阳风中的物质会和地球磁层缠绕又分开，就像两条绳子系在一起又解开一样，让磁层的结构发生变化。通过“微笑”卫星来测量磁层顶的形状、位置等，人们就能知道太阳风是怎么影响地球磁层的。

有时候，太阳风带来的能量会积累，积累到一定程度就会爆发，就像气球吹得太大就会爆开一样。这个积累和爆发的过程我们还有很多不清楚的地方，“微笑”卫星就要去弄明白。

另外，“微笑”卫星还要探索“日冕物质抛射”事件驱动的磁暴发生和发展。

日冕物质抛射，可以简单理解为太阳打了个“大喷嚏”，这个“喷嚏”对人们的生产、生活都会产生很大影响，严重时还会引起卫星失控，破坏通信、电网及导航，并威胁到航天员的生命安全。

在复杂的太空中，还有很多谜题等着“微笑”卫星去解开。

磁暴到底是怎么开始的？磁暴是一下子就结束，还是慢慢结束的？这些问题的答案，对人类了解地球所处的太空环境非常重要。

“微笑”卫星计划在2025年发射。在你看这本书时，它可能已经在太空中努力工作，为我们带来关于太阳风、地球磁层的各种信息了。

第二十九问

“夸父一号”为什么要追太阳？

夸父逐日的传说你一定听过，那夸父一号卫星的事，你了解吗？

太阳是太阳系的中心，它巨大而耀眼，对人类的生活有至关重要的影响。但对于太阳的奥秘，还有很多未知等着人类去探索。

夸父一号卫星就是探索太阳的有力工具。

想要了解太阳的活动机制、磁场变化、日冕物质抛射的模式等，都需要更靠近、更仔细地去观察太阳。夸父一号卫星的任务就是飞到离太阳更近的地方进行观测。

夸父一号卫星，又称先进天基太阳天文台，科学家给它策划了一场巧妙的科学之旅。它要趁着太阳活动的第 25 个周期，观测研究“一磁两暴”等关于太阳的各种奥秘。

“一磁”指的是太阳磁场。太阳磁场的变化非常复杂，科学家一直在努力寻找其中的规律。

“两暴”就是太阳耀斑和日冕物质抛射。这两个家伙对人们的日常生活和通信有着很大的影响。太阳耀斑爆发，可能会干扰卫星通信，影响电视信号、手机信号等。

夸父一号卫星的一项重要任务，就是观测太阳磁场的变化，以及太阳耀斑和日冕物质抛射的形成规律。

通过对太阳爆发活动的研究，科学家可以改进和加强太空中天气预警预报系统。

这样，航天员在太空中就能第一时间知道太阳爆发活动的信息，了解爆发活动会对航天器造成什么影响，从而及时采取措施，保证安全。

当然，不光是航天员，这些研究也能帮助普通人。

例如，太阳爆发活动来临时，更好地保护地球上的各种电子设备、通信系统，让人们的生活不受影响或让影响尽量变小。

为了更好地追逐太阳，研究太阳，夸父一号卫星的身上搭载了很多先进的仪器和设备。

这些仪器设备就像夸父一号卫星的“眼睛”“耳朵”和“手”。

夸父一号卫星携带的磁场测量仪器，能够非常准确地测量太阳磁场的强度和方向；携带的成像设备，能够拍摄出清晰的太阳图像，让人类了解到太阳表面的细节。

为了让夸父一号卫星顺利完成任务，科学家付出了巨大的努力，设计出了卫星的轨道，确保夸父一号卫星能够处于最佳的位置，既能观测太阳，又不被“烤”化；调试各种仪器，保证它们正常工作；处理大量的数据，从这些数据中找出有用的信息。

所以，一个“夸父”在天上逐日，它身后其实是一个团队的努力。这，就是我们的航天精神。

第三十问

你还记得永远的“东方红一号”吗?

你知道有一首歌曲叫《东方红》吗？你知道有一颗卫星叫“东方红一号”吗？

老人常说，“东方红”是一首歌曲，也是一颗“星”，因为它是中国研发制造，并成功送入太空的第一颗人造卫星！

在二十世纪五六十年代，发射卫星对中国来说是一件“前无古人”的事情。

想把卫星送入预定轨道，需要有“大力神”，可当时中国还没有多级火箭技术，怎么办？

遇到难题，解决难题。这种不妥协的精神指导着科学工作者兢兢业业地奋斗。

科研人员朝着目标不断努力和尝试，1970 年 1 月 30 日，长征一号运载火箭试射成功了。

与此同时，重头戏“卫星”在同步设计和建造中。

为了实现目标——地面观测站能够时刻“拉”着卫星的手，知道它在哪里——技术人员背着设备，勘探最佳的建站地点，建造基站，调整设备……在全国各地建立起几十个用于追踪卫星位置的测绘站。

你能想象到吗，他们当时计算卫星运行轨道使用的计算机，还是手摇计算机呢！就是凭借着这么老式的设备，硬是创造出了奇迹。

东方红一号卫星会从太空中传回一曲《东方红》乐章，这音乐可以从地面的所有收音机中听到。为此，工作人员和专家采集了北京火车站钟声的节奏，和铝板琴的琴声合二为一，生成了一段电子乐段。

为了让地面上的人不借助任何设备看到太空中的卫星，科研人员把卫星形状改了又改，最终改成了七十二面体。这样就可以保证卫星在飞行的时候，每次旋转，闪光的效果都能呈现出来。

同时，三级火箭撑起的观测球打开后，直径有 3 米多，就像一把闪亮的折叠伞，也可以帮助卫星变得更耀眼。

1970 年 4 月 24 日，长征一号运载火箭将中国自行研制的第一颗人造地球卫星东方红一号送入太空，顺利地进入了预定轨道！

大家走上街头欢呼雀跃，分享着这场了不起的胜利。要知道，抬起头就能看到我们自己的卫星，那是怎样一种喜悦啊！

当《东方红》乐章从太空中传回地面后，围在收音机前的人们更是热泪盈眶。这段节选了 8 个小节的《东方红》，在 40 秒内播放了两次，这背后凝聚的是无数航天工作者的努力和探索。

第一颗人造卫星东方红一号发射成功，拉开了中国航天的序幕。从2016年开始，4月24日成了中国航天日。

时至今日，东方红一号虽然已经“退休”，但是它依旧遨游在地球轨道上。它并不寂寞，“北斗”“风云”“鸿雁”等源源不断的“后来者”正沿着它的足迹奋勇向前！

“东方红”不仅仅是一首歌曲，还是中国的“第一颗星”，更是中国人探索太空的一颗“种子”。

特别感谢如下专家参与创作工作：张云翼、高云、李响

以下作者对本书亦有贡献：谢鹏、孙怡然、毛峰、王娟、陈曦、宗光耀、林钰涵、张雨佳